Tecnología I

Advertencia
De acuerdo con la ley, este libro de texto no es un material fungible; por lo tanto, los ejercicios propuestos no deben ser resueltos en él, sino en el cuaderno del alumnado. Si en el libro se dejan espacios en blanco, recuadros vacíos o líneas de puntos, es simplemente para que el alumnado tenga un modelo o una pauta de resolución.

Cubierta
La Page

Diseño
Naono, S. L.

Maquetación
Fotoletra, S. A.

Ilustraciones
J. L. Ferrer, Kaffa

Fotografías
AGE Fotostock, Archivo Teide, Ferran Martí, Gonzalo Santomá

Realización técnica
R. M.ª del Castillo, A. Muñoz

Primera edición
Segunda impresión, 2016

info@editorialteide.com
www.editorialteide.com

ISBN: 978-84-307-8997-9
Depósito legal: B-8539-2015
Impreso en Arlequin & Pierrot S.L. - 08029 Barcelona

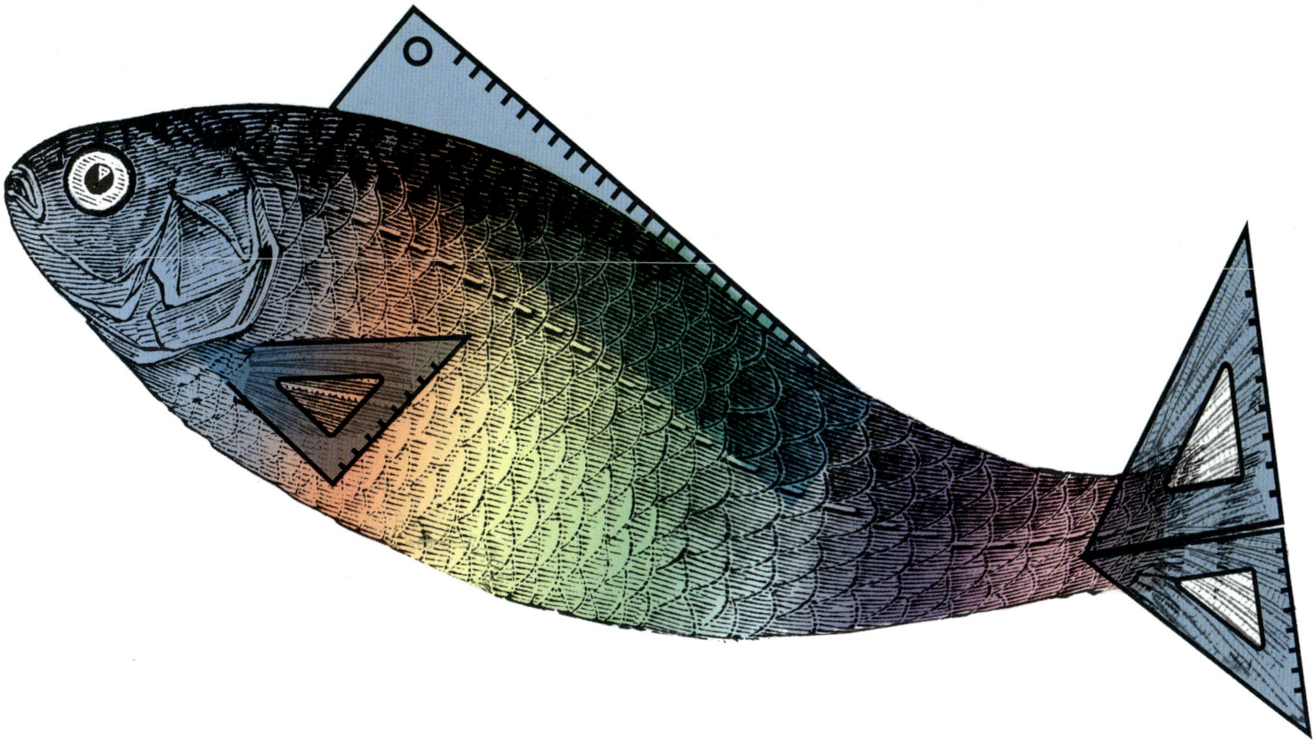

ESO

I

Tecnología I

R. Martínez, E. Nogueira, S. Resa

TEIDE

Esquema de la unidad

Presentación de la unidad

Esta doble página contiene:

- Número y título de la unidad.
- Breve texto introductorio.
- Actividades iniciales relacionadas con la ilustración. El objetivo es evaluar los conocimientos previos de los alumnos.

Desarrollo de los contenidos

Estructura

Estas páginas están organizadas en apartados y subapartados numerados.

Ilustración

Parte gráfica (dibujos, esquemas, etc.) que ayuda a clarificar el texto.

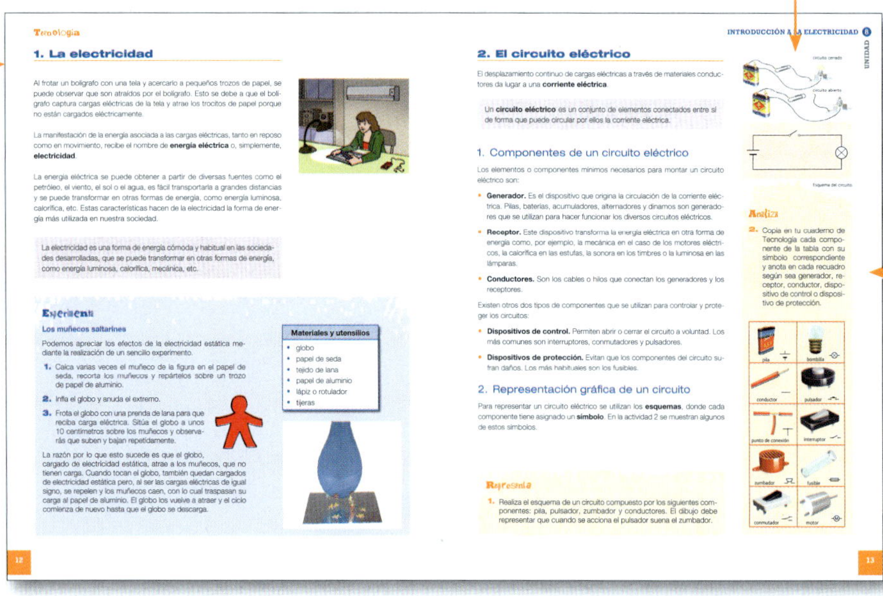

Actividades

Están tipificadas según su grado de dificultad y pueden ser:

- Responde
- Experimenta
- Taller de informática
- Calcula
- Representa
- Analiza
- Debate
- Diseña

Definiciones

Los contenidos fundamentales aparecen destacados sobre un fondo de color.

Competencias básicas

Planteamiento

Se trabaja en contextos de la realidad de los alumnos, para acercarse a su entorno tecnológico.

Tareas

Estas cuestiones pretenden contribuir a la adquisición de las diferentes competencias básicas.

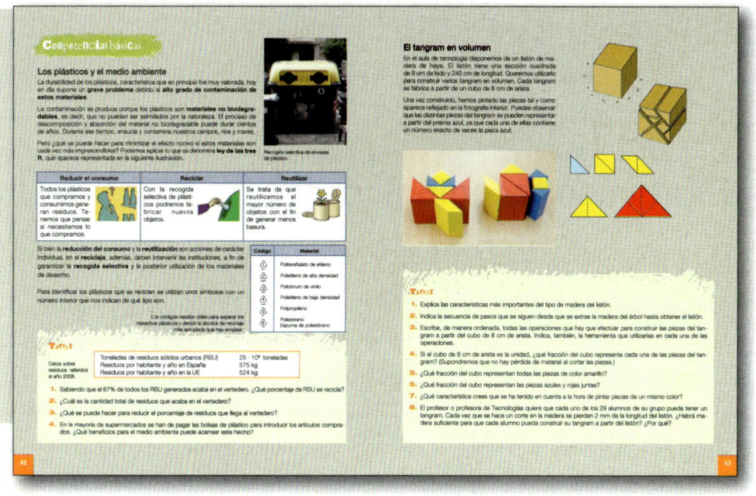

Síntesis

La **síntesis guiada** es un resumen que recoge los contenidos fundamentales de la unidad para facilitar su estudio.

El apartado **Recursos en red** pretende fomentar el uso de las tecnologías de la información y la comunicación con cuestiones formuladas a partir de recursos de Internet.

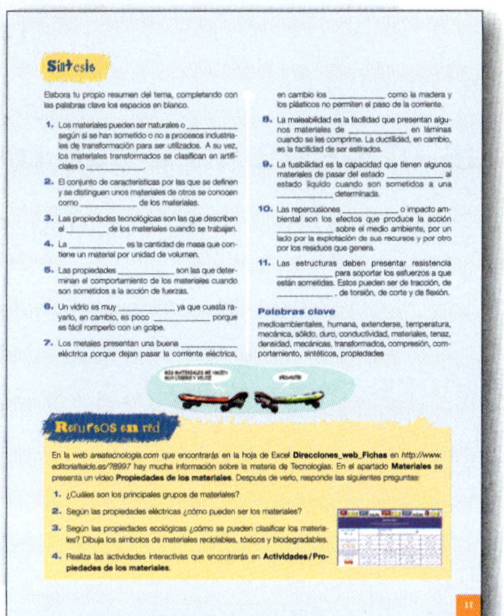

Actividades finales

Mediante la realización de estas actividades se pretende reforzar y ampliar los contenidos estudiados.

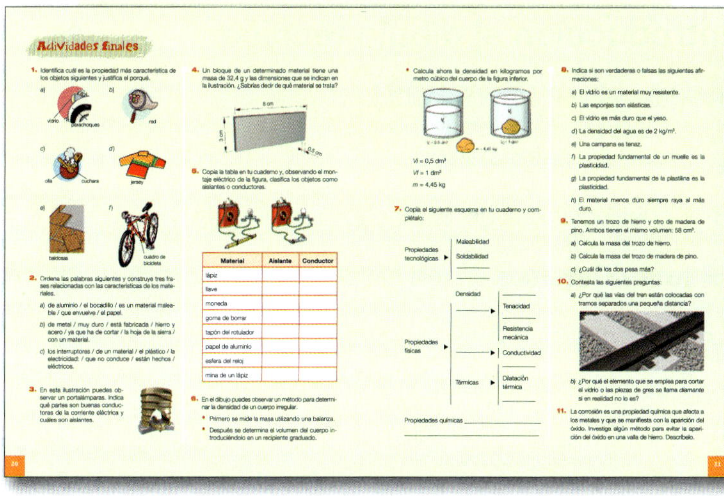

Propuestas de trabajo

Al final del libro se presentan diferentes procesos tecnológicos para realizar en el aula taller, en los que se trabajan de forma práctica los contenidos estudiados.

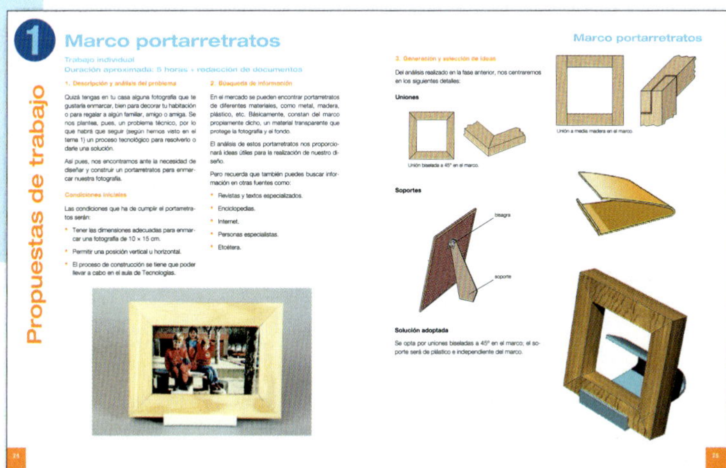

Índice

Kits de material

Para realizar las siguientes propuestas de trabajo se pueden adquirir los kits de montaje indicados.

Kit: Portarretratos

Con el material disponible se puede realizar:

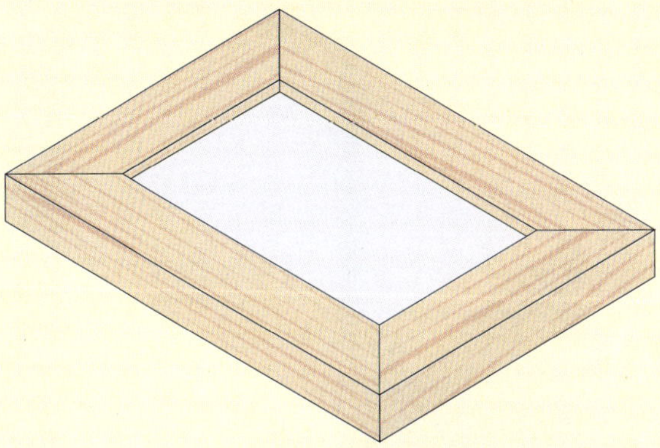

Material
• 4 listones de madera de pino de 15 × 30 mm y 20 cm de largo.
• 1 lámina de DM de 17 × 12 cm y 3 mm de grosor.
• 1 lámina de plástico transparente para encuadernar de 17 × 12 cm.
• 1 lámina de poliestireno de 17 × 12 cm y 2 mm de grosor.

Propuesta de trabajo. Marco portarretratos

Kit: SOMA

Con el material disponible se puede realizar:

Propuesta de trabajo. SOMA

Material
• 27 cubos de haya de 20 mm de arista.
• Funda de la caja.

UNIDAD 1

El proceso tecnológico

Desde la prehistoria, el ser humano ha utilizado su inteligencia para encontrar soluciones a los diferentes problemas que se le han presentado, de modo que pudiera satisfacer sus necesidades. Así pues, la historia de la humanidad está asociada a la tecnología o, dicho de otro modo, la **tecnología es tan antigua como el ser humano**.

El método de trabajo que hay que seguir para resolver problemas técnicos recibe el nombre de **proceso tecnológico**.

Actividades iniciales

1. La rueda es un invento muy útil de unos 5 000 años de antigüedad. Elige la opción en la que en todos los objetos mencionados se utilice la rueda:

   a) Bicicleta, automóvil y arado.

   b) Bicicleta, automóvil y bombilla.

   c) Bicicleta, automóvil y polea.

2. Para la fabricación de los productos que se ilustran se ha seguido un proceso de trabajo que…

   a) … sigue el mismo orden de pasos en los tres productos.

   b) … no tiene que seguir una secuencia de pasos ordenados.

   c) … sigue distintos pasos para cada producto.

   Justifica la respuesta escogida.

3. Observa la ilustración, en que se utiliza el taladro de columna del aula de tecnología para perforar una madera, y elige la respuesta correcta entre las siguientes:

   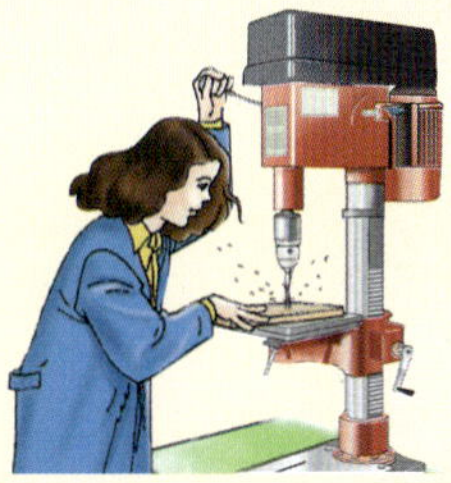

   a) El taladro se está utilizando con total seguridad.

   b) Cuando se utiliza el taladro es necesario usar gafas protectoras y llevar el pelo largo recogido.

   c) Antes de utilizar el taladro hay que cortarse el pelo, si se lleva largo, y no es conveniente ponerse gafas protectoras porque dificultan la visión.

   Justifica la respuesta escogida.

1. La tecnología y el proceso tecnológico

Desde los tiempos más antiguos, los seres humanos han utilizado distintos recursos para satisfacer sus necesidades.

Antiguamente, algunas necesidades básicas como la alimentación, el vestido o la vivienda se cubrían aprovechando los medios que la naturaleza brindaba, de modo que los humanos cazaban y pescaban utilizando palos, piedras, cuerdas, etc., y habitaban en cuevas.

Sin embargo, a lo largo del tiempo, las personas fueron aprendiendo a fabricar nuevas herramientas y máquinas para trabajar la tierra, elaborar nuevos tejidos o construir viviendas.

Actualmente, también atendemos otras necesidades como viajar, disponer de medios de información y comunicación, disfrutar del tiempo libre, etc., cuya satisfacción nos hace la vida más cómoda y agradable.

La **tecnología** es el conjunto de conocimientos teóricos y prácticos sobre el diseño, fabricación y uso de objetos que, debidamente ordenados y sistematizados, permiten a las personas satisfacer sus necesidades y, por tanto, mejorar sus condiciones de vida.

Así pues, la tecnología permite satisfacer las necesidades humanas. Sin embargo, al aplicar la tecnología, no se actúa de forma improvisada, sino que se procede de manera meditada y ordenada, es decir, siguiendo un determinado método de trabajo. Este método de trabajo se llama *proceso tecnológico*.

El **proceso tecnológico** es el método de trabajo utilizado por la tecnología y consiste en la secuencia ordenada de pasos que se deben seguir para satisfacer una necesidad o resolver un problema.

Necesidad o problema → **Proceso tecnológico** → **Solución**

Responde

1. Busca la definición de *ciencia* y *técnica*.

Responde

2. Gracias a la tecnología podemos disponer de multitud de medios para satisfacer nuestras necesidades. Relaciona cada uno de los que se presentan en las ilustraciones con la necesidad que satisface.

- energía
- vivienda
- transporte
- ocio
- vestido
- alimentación
- higiene personal
- información
- salud
- comunicación

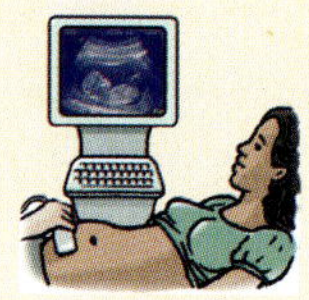
1

2

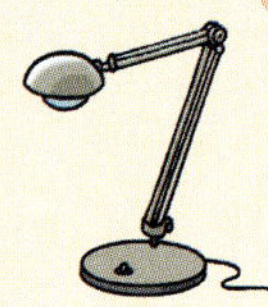
3

4

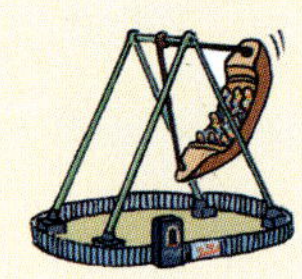
5

6

7

8

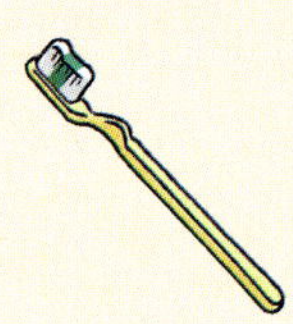
9

10

2. Fases del proceso tecnológico

Los pasos o fases para resolver un problema son prácticamente siempre los mismos:

1. Descripción y análisis de la necesidad o problema

Antes de iniciar un proceso tecnológico hay que identificar perfectamente la necesidad que se desea satisfacer y definir las condiciones que debe cumplir la solución.

2. Búsqueda de información

En esta fase se trata de efectuar una búsqueda exhaustiva de información en diversas fuentes (libros, catálogos, personas especializadas, Internet, etc.) para analizar las soluciones adoptadas en situaciones similares.

3. Generación y selección de ideas

Una vez analizada toda la información obtenida, llega la fase más creativa, la de las ideas; pero estas no aparecen por arte de magia, sino que acuden cuando se está trabajando. Evidentemente, no todas las ideas se podrán llevar a la práctica y habrá que decidir cuál es la más adecuada para llevar a término la solución escogida. Habrá que hacer el diseño del objeto ideado, dibujar las diferentes partes que lo componen, especificando dimensiones, materiales, coste, funcionamiento, etc.

4. Ejecución

En esta parte del proceso hay que efectuar una serie de acciones previamente planificadas y ajustadas al diseño realizado. Por consiguiente, antes de comenzar la fase de ejecución, se debe confeccionar un plan de trabajo en el que se concreten las tareas que hay que realizar y los medios necesarios para ello.

El **plan de trabajo** consiste en organizar la fase de ejecución de manera que quede dividida en operaciones simples y ordenadas para realizar cada tarea satisfactoriamente y en el menor tiempo posible.

5. Evaluación

La evaluación nos permite determinar si el problema ha sido resuelto. De no ser así, hay que repetir todo el proceso tecnológico introduciendo las modificaciones necesarias.

Para dejar constancia del proceso seguido y del resultado obtenido, se elabora una documentación escrita que se conoce con el nombre de **memoria**.

Fases del proceso tecnológico

1. Descripción y análisis de la necesidad o problema
↓
2. Búsqueda de información
↓
3. Generación y selección de ideas
↓
4. Ejecución
↓
5. Evaluación

Analiza

3. Un grupo de alumnos de 1.º de ESO representará una obra de teatro y tienen que diseñar un cartel publicitario. Indica los pasos que deberían seguir y clasifícalos según las fases del proceso tecnológico.

3. Ejemplo de un proceso tecnológico completo

Siguiendo el método operativo de un proceso tecnológico completo, describimos a continuación cada una de las fases que hay que seguir para construir un **portalápices**. Aunque podríamos servirnos de muchos otros ejemplos, en todos ellos se seguirían los mismos pasos y en el mismo orden.

1. Descripción y análisis de la necesidad o problema

Es bastante frecuente que utensilios con los que trabajamos habitualmente, como lápices, rotuladores, bolígrafos, etc., estén en completo desorden. Esta falta de organización, además de producir incomodidad, puede ocasionar el extravío de alguno de esos objetos.

Con el objetivo de guardar los útiles de dibujo y escritura, disponiéndolos de manera ordenada, **necesitamos** diseñar y construir un portalápices según las condiciones inciales expuestas al margen.

2. Búsqueda de información

Para encontrar información sobre portalápices podemos recurrir a libros especializados, catálogos, revistas, Internet, etc., pero, sobre todo, analizaremos los distintos objetos de este tipo que nos ofrece el mercado, algunos de los cuales se muestran en la fotografía de la derecha.

3. Generación y selección de ideas

Una vez obtenida y analizada toda la información, dedicamos un tiempo a concebir el objeto y a dibujar a mano alzada las ideas que se nos ocurran. En la figura del margen se muestran tres diseños.

Solución adoptada

Aunque todos los diseños mostrados se consideran perfectamente adecuados, escogemos como solución la representada en la figura 3. Se ha elegido este diseño por su estética y por ser el de más fácil construcción (es el diseño con menor número de piezas).

Para tener más claro el objeto que vamos a construir, haremos la representación gráfica de las dos partes del portalápices (base y tapa) con sus dimensiones correspondientes. Asimismo, elaboraremos el despiece que corresponde a cada una de sus partes.

Condiciones que ha de cumplir la solución (condiciones iniciales)

- Debe poder usarse en el escritorio de casa o en la mesa del aula y, por tanto, ser fácilmente transportable en la mochila.
- Es conveniente que los utensilios que se guarden en él se puedan coger con facilidad.
- Tiene que ser de fácil construcción.
- Se empleará tablero contrachapado de 3 o 4 mm de grosor.

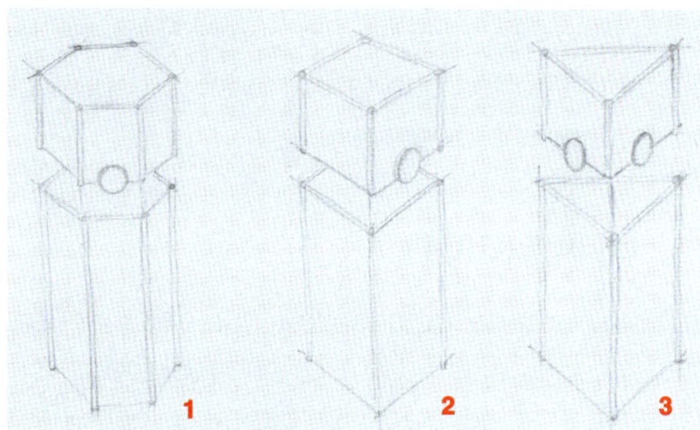

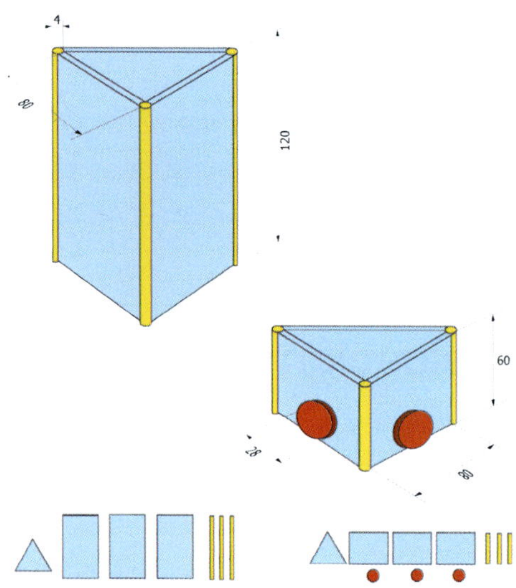

Base. Tapa.

Responde

4. Relaciona cada una de las siguientes actividades con la fuente de información correspondiente:

ACTIVIDADES	FUENTE DE INFORMACIÓN
Reparar una estufa eléctrica.	Seguir el manual de instrucciones.
Cocinar una dorada a la sal.	Preguntar a un electricista.
Planificar un itinerario turístico.	Consultar un recetario de cocina.
Construir una maqueta de la torre Eiffel.	Visitar una agencia de viajes.
Efectuar el montaje de una silla en kit.	Entrar el web *http://www.tour-eiffel.fr.*

Analiza

5. Escribe al menos dos condiciones iniciales que deben cumplir los siguientes objetos:

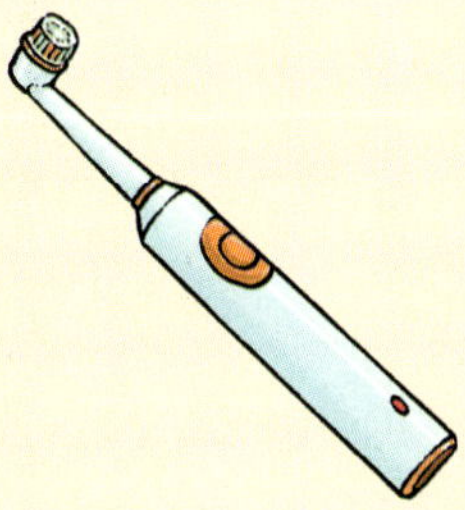
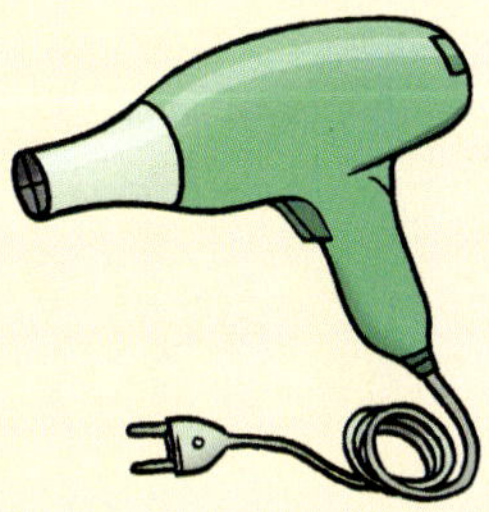

6. Describe, ordenadamente, las operaciones que se deben seguir para:

A

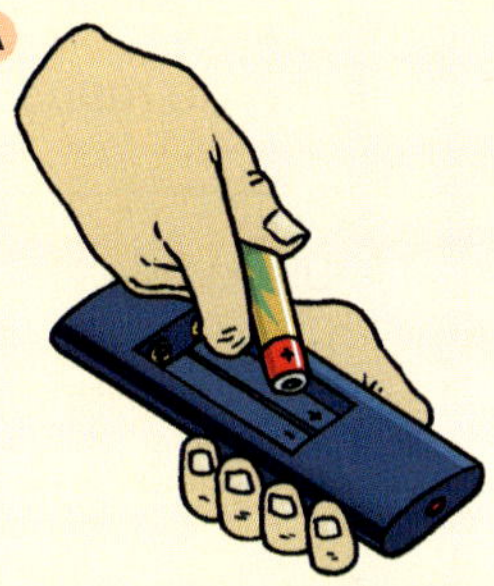

Cambiar las pilas del mando del televisor

B

Cambiar la bombilla fundida de una lámpara

Representa

7. Imagina que solo vamos a hacer uso del portalápices en el escritorio de casa, de modo que no necesitamos que tenga tapa ni que el material empleado en su construcción sea muy resistente, por lo que podemos utilizar cartulina. En este caso tomaremos como referente de solución la representada en el diseño 2 de la página anterior.

a) Realiza el dibujo del portalápices con sus dimensiones, sabiendo que su altura es de 12 cm y el lado del cuadrado de la base mide 5 cm.

b) Dibuja el desarrollo del portalápices a modo de recortable.

4. Ejecución

En esta fase debemos realizar la **construcción** y el **montaje** de las dos partes del portalápices: la base y la tapa.

Antes de comenzar la fase constructiva, procuraremos establecer un **plan de trabajo** en el que debe figurar el orden de las operaciones que es necesario efectuar. También se especificarán los materiales, herramientas, máquinas e instrumentos que habrá que emplear en cada una de las operaciones, así como el tiempo aproximado de ejecución de cada una de ellas.

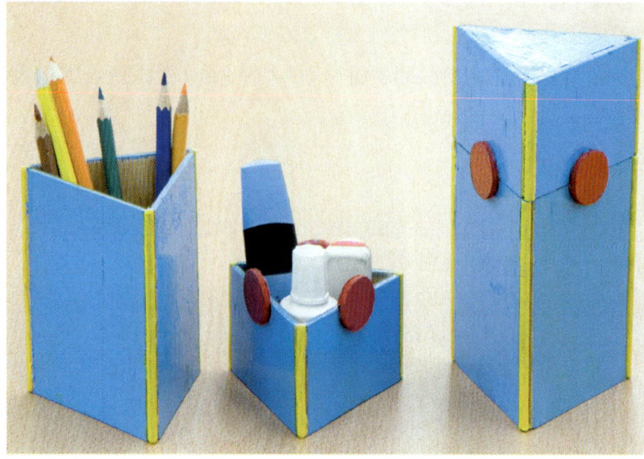

PLAN DE TRABAJO				
Proceso tecnológico: Portalápices				
Proceso tecnológico: Individual ☐ En grupo ☐			**Autor/es:**	
N.º de orden	**Operación**	**Materiales**	**Herramientas, máquinas e instrumentos**	**Tiempo aproximado**
1	Medir y cortar el triángulo y las piezas laterales de la base.	– tablero contrachapado de 4 mm de grosor – papel de lija	– regla – lápiz – compás – sierra de marquetería	40 minutos
2	Medir y cortar las varillas de la base.	– varilla de madera de 4 mm de Ø – papel de lija	– regla – lápiz – sierra de marquetería	5 minutos
3	Montaje de la base.	– cola blanca		15 minutos
4	Medir y cortar el triángulo y las piezas laterales de la tapa.	– tablero contrachapado de 4 mm de grosor – papel de lija	– regla – lápiz – compás – sierra de marquetería	30 minutos
5	Medir y cortar las varillas de la tapa.	– varilla de madera de 4 mm de Ø – papel de lija	– regla – lápiz – sierra de marquetería	5 minutos
6	Montaje de la tapa.	– cola blanca		10 minutos
7	Lijar y decorar el portalápices.	– papel de lija – pintura al agua, barniz, etc.	– pincel	15 minutos

5. Evaluación

Tras finalizar la fase de construcción, llega el momento de evaluar el resultado obtenido. Si el portalápices cumple las condiciones iniciales y se ha ejecutado con éxito, la evaluación será positiva. Si no ha sido así, se tendrá que revisar todo el proceso tecnológico y averiguar en qué momento se ha cometido algún error. La evaluación, además, posibilita la aparición de nuevas ideas que pueden ayudar a mejorar la solución.

Para facilitar la fase evaluativa, podemos responder una serie de preguntas. Debajo tienes un posible modelo de cuestionario.

Modelo de cuestionario evaluativo

1. El portalápices, ¿satisface la necesidad o resuelve el problema?
2. ¿La solución obtenida cumple las condiciones iniciales?
3. ¿El producto final coincide con el que se había diseñado?
4. ¿Se han utilizado los materiales y herramientas previstos en el plan de trabajo?
5. ¿Los materiales utilizados han sido los más adecuados para construir el portalápices?
6. ¿El tiempo de realización se ha adecuado al previsto en el plan de trabajo?
7. ¿Cuál es el grado de satisfacción con el objeto construido?
8. ¿Se pueden introducir mejoras en el diseño del portalápices?

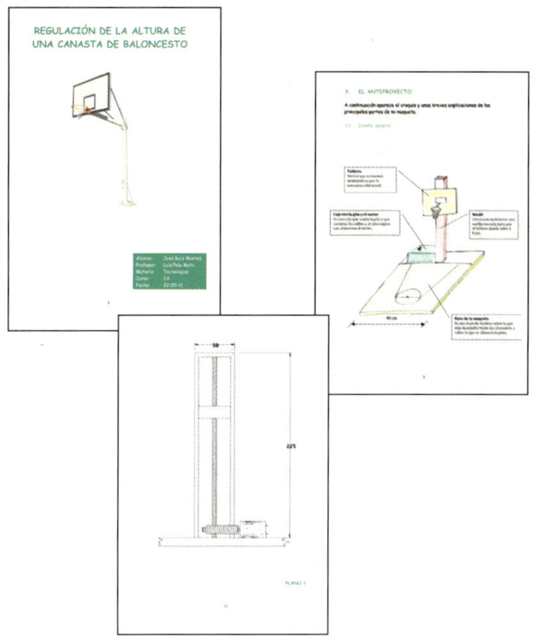

Una vez concluidas todas las fases del proceso tecnológico, se confecciona la documentación que describe tanto el proceso seguido como el resultado obtenido.

La **memoria** es el conjunto de documentos que describen el proceso tecnológico seguido.

Por tanto, el objetivo fundamental de la memoria es doble: explicar el método aplicado y mostrar la solución obtenida.

Normas básicas para la presentación de la memoria

- Utilizar papel en blanco de formato DIN A4 (210 mm × 297 mm).
- Confeccionar una portada con el título del proceso y el nombre del autor o autores.
- Resaltar bien los títulos de los diferentes apartados.
- Presentar dibujos (planos) que ilustren el desarrollo de la fase constructiva.
- Utilizar, preferentemente, el ordenador para redactar la documentación.

Analiza

8. Describe al menos una necesidad que satisface cada uno de los siguientes productos:

a) Aparato de radio.

b) Plano de una ciudad.

c) Carretilla.

d) Aguja de coser.

e) Pendientes.

f) Zapatos.

9. Describe ordenadamente las operaciones que se han de realizar para construir, en tablero contrachapado, el juego de tangram de la figura.

10. A continuación se describen algunas de las actividades que es necesario realizar para desarrollar el proceso tecnológico de construcción de una lámpara japonesa. Escribe en tu cuaderno de tecnología, adecuadamente ordenadas, las actividades y di a qué fase del proceso corresponde cada una de ellas.

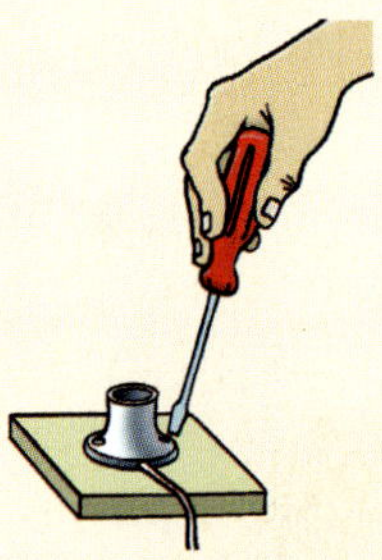

Instalar el portalámparas.

Analizar lámparas japonesas existentes en el mercado.

Montar la pantalla.

Establecer las condiciones iniciales.

Comprobar el resultado obtenido.

Elaborar el diseño.

4. El aula de tecnología

Para llevar a cabo las distintas fases del proceso tecnológico es necesario un espacio propio, con características diferentes de las de un aula convencional o un laboratorio.

El **aula de tecnología** es el espacio más adecuado para desarrollar las diferentes actividades del proceso tecnológico.

Aunque cada centro organiza el espaciocnología de acuerdo con sus posibilidades, habitualmente suele dividirse en tres zonas:

1. **Zona de diseño y experimentación.** Destinada a la realización de las actividades correspondientes a las fases de *descripción y análisis de la necesidad o problema*, *búsqueda de información*, *generación y selección de ideas* y *evaluación* del proceso tecnológico.
2. **Zona de ejecución.** Reservada a las operaciones propias de la fase de *ejecución* del proceso tecnológico.
3. **Zona de almacén.** Donde se guardan materiales, equipamientos, trabajos en fase de elaboración y productos que el profesor o profesora de tecnología desee mantener en reserva para utilizar o mostrar en el momento oportuno.

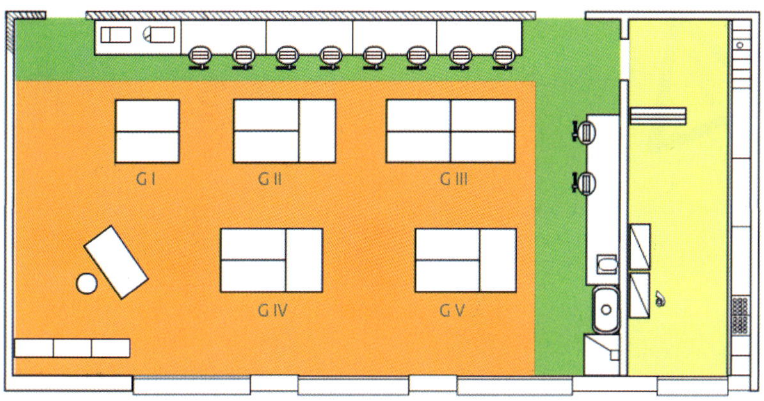

Responde

11. Indica qué zona del aula de tecnología es la más adecuada para cada una de las siguientes actividades:

a) Guardar materiales.

b) Realizar un dibujo.

c) Rellenar el cuestionario de evaluación.

d) Serrar una madera.

e) Limar una pieza.

f) Guardar trabajos en fase de elaboración.

5. Trabajar respetando las normas

Debido a la infraestructura del aula de tecnología y a las diferentes actividades que en ella se realizan, además de la observancia de las normas generales del centro, también es necesario respetar las siguientes:

1. Normas de uso y conservación

- Las **normas de uso** nos indican cómo utilizar correctamente los espacios, instalaciones, herramientas y máquinas.
- Las **normas de conservación** nos informan sobre cómo mantener en buenas condiciones los espacios, instalaciones, herramientas y máquinas.

2. Normas de seguridad

Son las instrucciones que hay que seguir para evitar accidentes. La mayoría de los accidentes laborales se pueden reducir o incluso evitar si se toman las medidas de seguridad adecuadas. Por tanto, la seguridad en el trabajo tiene como objetivo eliminar las causas que provocan accidentes y así evitar los daños que pudieran producirse.

Incorrecto	Correcto

Guardar las herramientas en el lugar correspondiente después de usarlas.	

Ordenar y limpiar el aula antes de salir.	

Utilizar los elementos de protección siempre que sea necesario.	

Acceder a la zona de almacén solamente con el permiso del profesor o profesora.	

Utilizar cada herramienta para la función que tiene asignada.	

No correr por el aula.	

Responde

12. Indica si las normas que figuran a continuación pertenecen al grupo de normas de uso y conservación o al de normas de seguridad:

a) Utilizar cada espacio del aula de tecnología para la función que tiene asignada.

b) Utilizar los elementos de protección cuando sea necesario.

c) No jugar con las herramientas o las máquinas.

d) Mantener limpia y ordenada el aula de tecnología.

Síntesis

Elabora tu propio resumen del tema, completando con las palabras clave los espacios en blanco.

1. Se denomina tecnología al conjunto de ____________ que, debidamente ordenados y sistematizados, permiten a las personas satisfacer sus ____________.
2. El proceso tecnológico es el ____________ de trabajo que utiliza la tecnología y consiste en la secuencia ordenada de ____________ que se deben seguir para satisfacer una necesidad o ____________ un problema.
3. Un proceso tecnológico consta de las siguientes fases: descripción y análisis de la necesidad o problema - ____________ - generación y selección de ideas - ejecución - ____________.
4. Un plan de trabajo consiste en organizar la fase de ejecución de manera que quede dividida en operaciones ________ y ordenadas para realizar cada tarea satisfactoriamente y en el menor __________ posible.
5. Una vez completada la ____________ de evaluación de un proceso tecnológico, hay que concluir redactando la ____________ de dicho proceso.
6. El aula de tecnología es el ____________ más adecuado para desarrollar las diferentes actividades del proceso tecnológico. En ella se pueden diferenciar las siguientes zonas: la de ____________ y experimentación, la de ejecución y la de almacén.
7. Debido a la infraestructura del aula de tecnología y la dinámica de la materia que en ella se imparte, además de la observancia de las normas ____________ del centro, también es necesario respetar las normas de uso y __________ y las normas de __________ establecidas.

Palabras clave

conocimientos, método, conservación, diseño, pasos, seguridad, fase, búsqueda de información, tiempo, espacio, simples, necesidades, resolver, memoria, evaluación, generales

Recursos en red

El sitio web dispone de gran cantidad de temas asociados al hogar como: animales domésticos, cocina con recetas, setas, trucos de bricolaje, etc. Además, incluye abundantes enlaces clasificados.

Enconrarás la dirección en *http://www.editorialteide.es/?8997.*

1. Entra en el web y haz clic en **TRUCOS DE BRICOLAGE**. Selecciona **ALBAÑILERÍA** y busca los pasos que nos aconsejan seguir para taladrar azulejos.
2. Ve a **COCINA** y haz clic en **PESCADOS**. Busca los ingredientes y el proceso para elaborar unas **Croquetas de bacalao con patatas**.
3. Haz clic en **HORÓSCOPOS** y busca la predicción actualizada de tu signo zodiacal.

Competencias básicas

El instrumento que cambió la forma de escribir

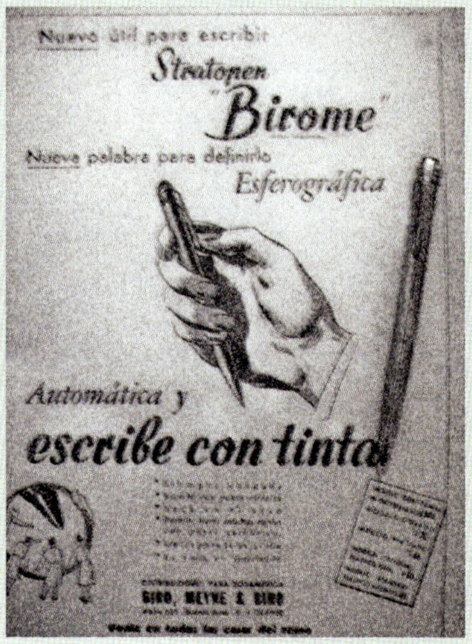

Ladislao Biro fue el hombre que cambió la forma de escribir gracias a su famoso invento: el **bolígrafo**. Biro, nacido en Budapest, se trasladó a Argentina al ser invitado por el que era, por aquel entonces, presidente de la nación, Agustín Pedro Justo. Este, hallándose en un hotel fuera del país, había observado a Biro cuando firmaba un documento con un prototipo del bolígrafo de su invención, de ahí el interés y la invitación para que desarrollara su trabajo en el país argentino.

La historia cuenta que a Biro, periodista de profesión, le incomodaba trabajar con su pluma, pues a menudo se le atascaba cuando estaba escribiendo un reportaje. En una ocasión que se encontraba observando a unos niños mientras jugaban con canicas en la calle, vio que cuando las bolas atravesaban un charco, dejaban una estela de agua en el suelo al salir de él. De este modo obtuvo la idea de su invento: incorporar una pequeña esfera al utensilio de escritura. Lo patentó en Hungría en el año 1938, pero el prototipo nunca llegó a comercializarse.

Así fue que en el año 1940, Ladislao Biro, junto con su socio Jorge Meyne y su hermano George Biro, formaron una compañía en Argentina y lanzaron el invento al mercado con el nombre comercial de Birome (acrónimo de Biro y Meyne).

Tareas

1. ¿Qué necesidad humana satisface el invento descrito?
2. ¿Qué nombre comercial recibió el bolígrafo en su lanzamiento al mercado? ¿Por qué?
3. ¿Cuál era el instrumento de escritura anterior al bolígrafo? ¿Qué problemas planteaba?
4. Desmonta tu bolígrafo y anota, ordenadamente según las vayas sacando, el nombre de cada una de sus piezas. ¿Cuál sería la secuencia de montaje de las piezas que componen tu bolígrafo?
5. Con motivo de la celebración del aniversario de la salida al mercado del primer bolígrafo, un grupo de compañeros de clase está preparando un cartel anunciador y necesitan una plantilla de cartón como soporte del cartel. Para marcar las líneas de corte en el cartón, disponen de un bolígrafo que tan solo tiene tinta para poder realizar trazos hasta una longitud máxima de 6 metros. Están considerando los siguientes diseños para la plantilla:

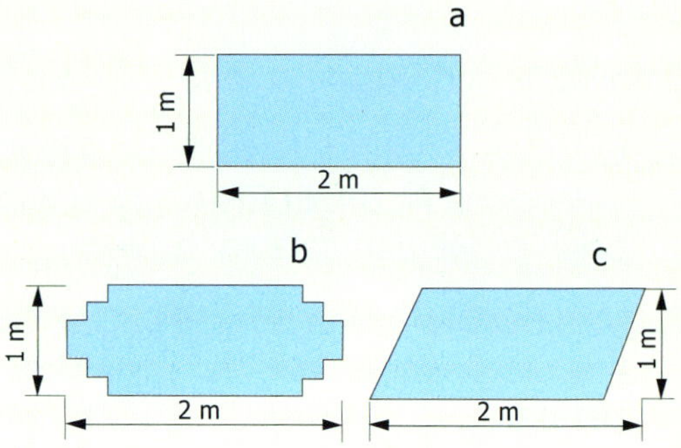

   a) Indica, para cada diseño, si será suficiente la tinta del bolígrafo para marcar la plantilla en el cartón.

   b) Describe de manera ordenada las operaciones que se han de realizar para construir la plantilla.

Vamos a pintar una habitación

Sandra, Laura y David, tres compañeros, quieren renovar la decoración de sus respectivas habitaciones y deciden que una forma simple y económica de hacerlo es mediante unas capas de pintura.

Dado que sus conocimientos sobre la manera de pintar una habitación son prácticamente nulos, han acordado buscar información sobre tres apartados concretos: **pasos a seguir en el proceso**, **cálculo de la pintura necesaria** y **eleción del mejor color**.

1. Sandra encuentra en Internet los pasos que conviene seguir, pero los anota desordenados:

   a) Comenzar a pintar el techo y, después, las paredes.

   b) Adquirir herramientas y materiales (rodillo, brocha, cubeta, cinta de carrocero y pintura).

   c) Limpiar y colocar los muebles en su sitio.

   d) Retirar la cinta de carrocero antes de que la pintura se seque totalmente, de esta forma saldrá fácilmente, sin estropear la pintura.

   e) Cubrir con cinta de carrocero los marcos de la puerta y la ventana, interruptores, enchufes, lámpara y zócalo.

   f) Reunir los muebles en el centro de la habitación y cubrirlos con plástico o papel.

2. Laura pregunta en una tienda especializada sobre el tipo de pintura y el cálculo de la cantidad necesaria. Le aconsejan:

   - Utilizar una pintura plástica, ya que puede lavarse y conserva bien el color. Un kilo de esta cubre una superficie de 8 m^2.
   - Para calcular la superficie de la habitación, solo hay que multiplicar el alto por el ancho de las paredes y el largo por el ancho del techo. Sin olvidar que habrá que descontar los huecos de la puerta y la ventana.

3. David compra una revista de decoración para elegir el mejor color y observa que es muy importante tener en cuenta:

   - Los tonos de los complementos: muebles, cortinas, cuadros, etc.
   - La cantidad de luz que entra. Así, los colores claros reflejan la luz y amplían los ambientes; en cambio, los tonos oscuros la absorben y producen el efecto contrario. Por tanto, si la habitación tiene poca luz es aconsejable emplear un color claro.

Tareas

1. ¿Qué medios se han utilizado para obtener información?
2. Escribe, de manera ordenada, los pasos que se deben seguir para pintar la habitación.
3. ¿A qué fase del proceso tecnológico corresponde la acción de comenzar a pintar?
4. Indica en qué fase del proceso tecnológico explicado se han de hacer cálculos.
5. La habitación de David tiene poca luz. ¿Qué tono de color debería utilizar?
6. Laura, que tiene una habitación muy luminosa, quiere utilizar un color lavanda ya que combina con el edredón de la cama. ¿Es correcta su decisión?
7. La habitación de Sandra mide 4 m de largo, 2 m de ancho y 2,5 m de altura. La superficie de la puerta de entrada y de la puerta de la terraza es de 6 m^2. ¿Qué cantidad de pintura necesita para dar dos capas a las paredes y el techo?
8. Anota las dimensiones de tu habitación y calcula la cantidad de pintura que necesitarías para dar dos capas a las paredes y el techo.

Actividades finales

1. A continuación se describen algunas de las actividades que es necesario realizar para desarrollar el proceso de elaboración de un marco de fotografías. Di a que fase del proceso corresponde cada una de estas actividades.

a) Realizar un plan de trabajo.

b) Definir el problema.

c) Diseñar el objeto.

d) Analizar marcos de fotografías existentes.

e) Cortar los listones.

f) Buscar posibles defectos.

2. Indica si son verdaderas o falsas las siguientes afirmaciones (si son falsas, explica por qué):

a) El proceso tecnológico sólo existe cuando construimos un objeto.

b) El aula de tecnología es el espacio físico que se utiliza para llevar a cabo los procesos tecnológicos.

c) Cuando terminamos de utilizar el aula de tecnología, no es necesario dejarla ordenada y limpia puesto que estas tareas las realiza el personal de limpieza del centro.

3. La siguiente secuencia de fotografías refleja el proceso de construcción de un objeto decorativo, un búho, con un tipo de barro que no necesita someterse a cocción. Describe las operaciones necesarias para construir el objeto.

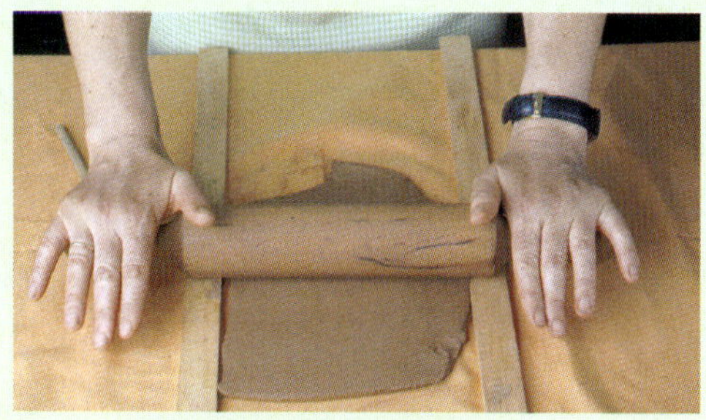

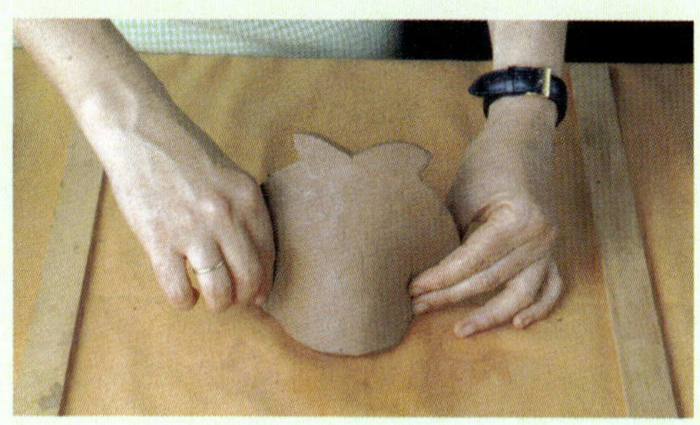

4. A continuación planteamos una serie de necesidades. Piensa dos fuentes de información que podrías consultar para cada una de ellas.

a) Construir una estantería de madera.

b) Realizar la instalación eléctrica en un baño.

c) Comprar un equipo de música.

d) Conocer las condiciones de edificación de una casa.

e) Desplazarse por una gran capital.

5. Probablemente habrás vuelto a casa alguna vez cargado con un buen número de bolsas del supermercado. Piensa en una solución que evite esa incomodidad.

a) Describe las condiciones iniciales.

b) Busca información que te ayude a realizar un diseño y especifica tanto las fuentes que has consultado como las ideas que te ha aportado cada una de ellas.

c) Haz diferentes esbozos de la posible solución.

d) Elige una de las ideas viables y concrétala.

6. Observa el aula de tecnología del centro y anota en tu cuaderno sus características. Si tienes alguna duda, el profesor o la profesora te ayudará a resolverla. Especifica lo siguiente:

a) Las zonas en que está dividida.

b) Las instalaciones que contiene.

c) Las normas de uso, conservación y seguridad que se deben respetar para su utilización.

7. Imagínate que te encargan el proceso tecnológico de elaboración del atril de la fotografía. Reflexiona y contesta:

a) ¿Qué tipo de información deberías buscar?

b) ¿Cuáles serían tus fuentes?

c) ¿Cómo las utilizarías?

d) Elabora una tabla con el plan de trabajo para la construcción del atril.

UNIDAD 2

Introducción al dibujo técnico

El proceso tecnológico requiere de un lenguaje específico que sirva para representar los objetos que diseñamos y construimos. Ya estamos habituados a ver los objetos, aparatos, máquinas o instalaciones dibujados en un soporte de papel que llamamos *plano*.

El dibujo técnico constituye un lenguaje de comunicación propio de la tecnología. Para introducirnos en este lenguaje, comenzaremos por conocer y utilizar con precisión los instrumentos de dibujo en la realización de ejercicios relacionados con construcciones geométricas básicas.

Actividades iniciales

1. ¿Qué instrumentos de dibujo se han utilizado para realizar la representación del símbolo gráfico de la transmisión por correa?

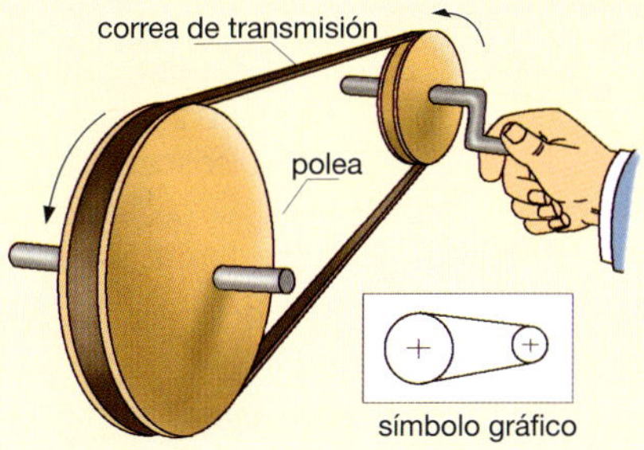

a) Compás, estilógrafo y escuadra.
b) Escuadra y cartabón, regla, compás y lápiz.
c) Semicírculo graduado, escuadra y cartabón, regla y lápiz.

2. Realiza el dibujo de la figura con las medidas indicadas.

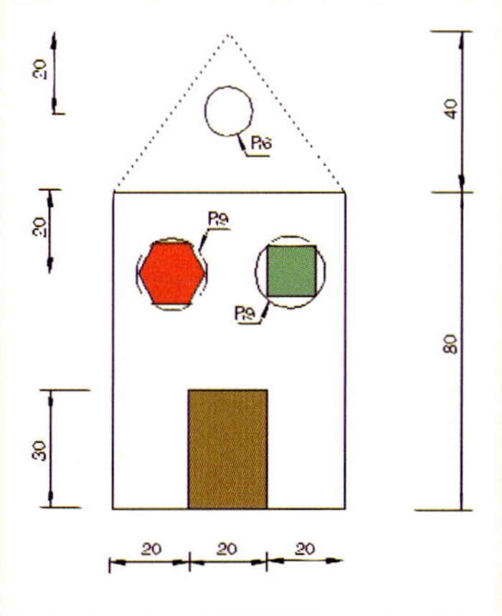

3. Cada pieza de este mosaico nazarí, llamado *pez volador*, está basada en una figura geométrica. ¿De qué figura se trata?

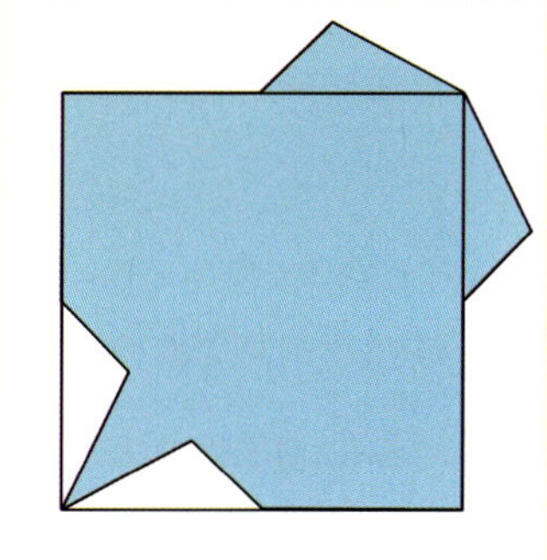

a) Triángulo.
b) Cuadrado.
c) Pentágono.

¿Cómo se ha modificado la figura geométrica para obtener el pez volador?

1. Materiales y útiles de dibujo

Lápiz y portaminas

La mayoría de los dibujos técnicos se hacen a lápiz, ya que su ejecución es rápida y muestran la suficiente definición. Los lápices se fabrican con madera y mina de grafito. Según el **grado de dureza** de la mina se pueden clasificar en:

Tipos de minas	Cifras	Letras
blandas	0-1	8B a 3B
medias	2-3	2B-B-HB-F
duras	4-5	H a 5H
muy duras	6-9	6H a 10H

Se recomienda tener dos lápices de dureza: HB y 2B.

Portaminas.

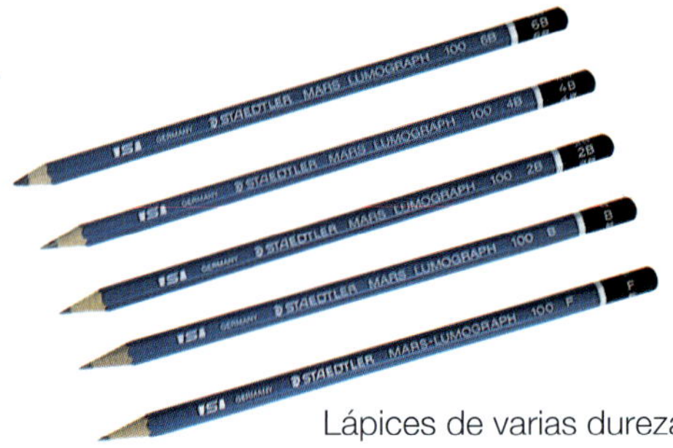

Lápices de varias durezas.

Juego de escuadra y cartabón

Son dos plantillas en forma de triángulo rectángulo que se utilizan para trazar paralelas, perpendiculares y ángulos que formen 30°, 45°, 60° o cualquier combinación de ellos (múltiplos de 15°).

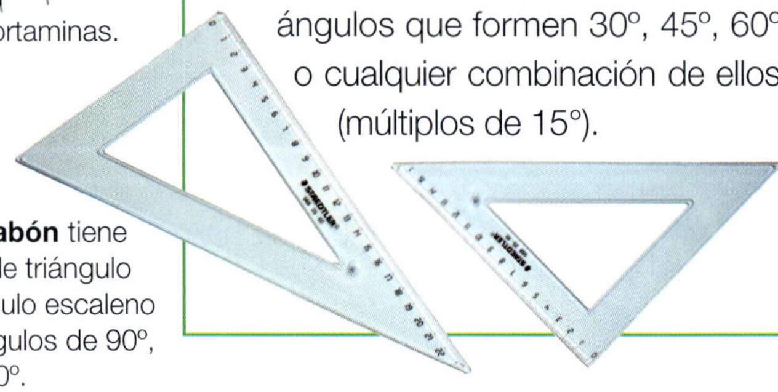

El **cartabón** tiene forma de triángulo rectángulo escaleno con ángulos de 90°, 30° y 60°.

La **escuadra** tiene forma de triángulo rectángulo isósceles. Los catetos, por tanto, son iguales, formando ángulos de 45° con la hipotenusa.

Regla

La regla es un instrumento que sirve para trazar rectas y medir segmentos. Suelen ser de plástico transparente y podemos destacar los siguientes tipos:

- **Regla común.** Está graduada por un lado. Las reglas las más usuales tienen 20 o 30 cm.
- **Doble decímetro.** Tiene una escala graduada de 20 cm por los dos lados, en uno de los cuales lleva grabados los medios milímetros.
- **Escalímetro.** Es un prisma triangular en el que se han grabado las seis escalas más utilizadas.

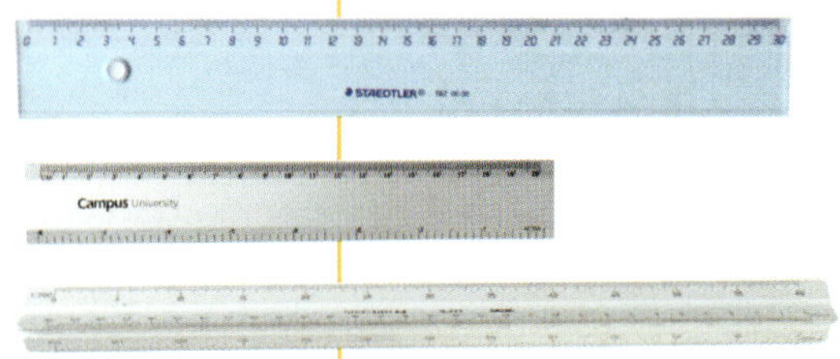

Reglas y escalímetro.

Goma de borrar

Sirve para facilitar la corrección de los errores que se producen en el trazo con el lápiz. Se recomiendan las gomas de vinilo de color blanco.

Es importante siempre borrar en el sentido del trazo y con movimientos suaves con objeto de no arrugar el papel.

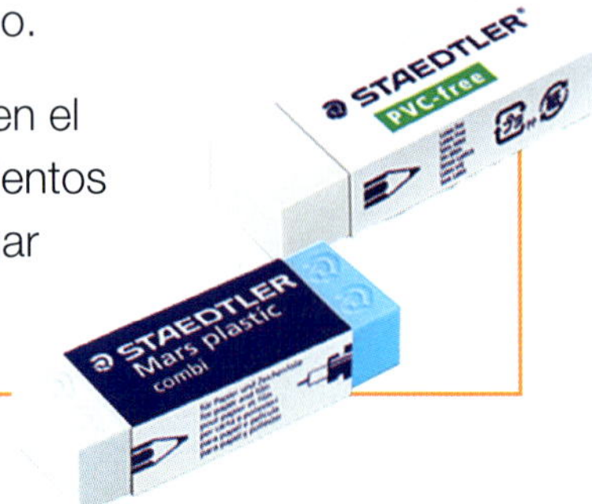

Transportador de ángulos

Sirve para medir o transportar ángulos. Puede ser circulares, en cuyo caso está dividido en 360 partes iguales (grados sexagesimales) o semicircular cuando está divididos en 180 grados.

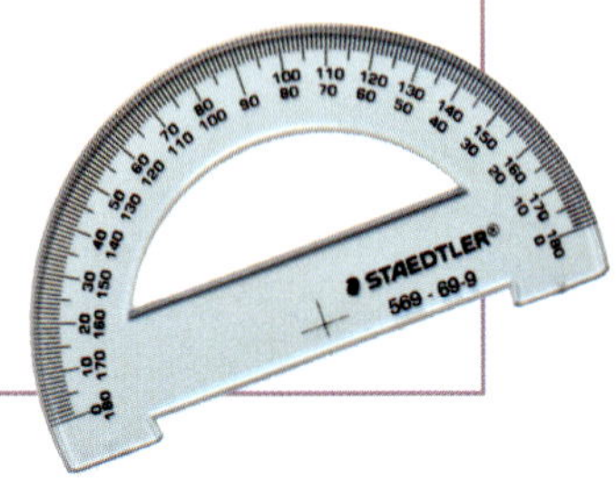

Transportador semicircular.

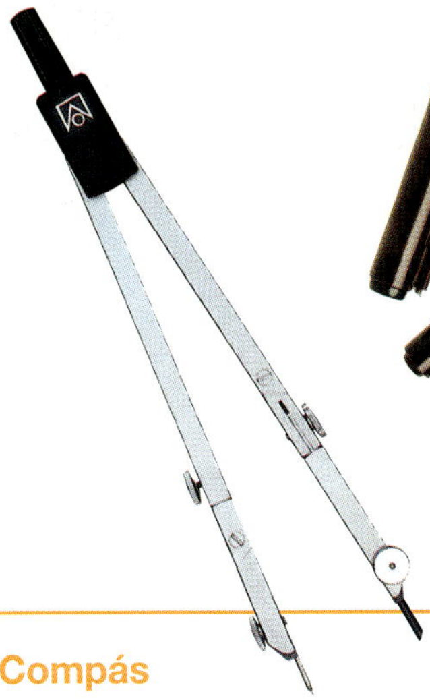

Estilógrafo

Se utiliza para pasar a tinta los trazos previamente hechos con el lápiz o portaminas. Cuando se realiza el trazo se consiguen líneas de una anchura normalizada. Podemos encontrar **estilógrafos calibrados** de entre 0,1 y 2 mm.

Compás

Es un instrumento que sirve para trazar circunferencias y arcos de circunferencia, así como para tomar medidas de segmentos. Está compuesto fundamentalmente por dos brazos articulados, en cuyos extremos se alojan una aguja en un lado y los elementos de trazo o de medida en el otro.

Se pueden adaptar portaminas, alargaderas, portagujas o soportes para estilógrafo.

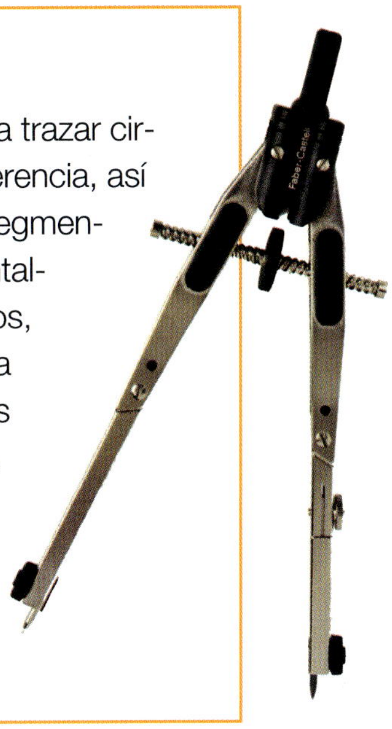

Papel

Es el soporte donde se realiza el dibujo y por tanto es de primordial importancia. En dibujo técnico se utilizan dos tipos de papel:

- **Papel opaco.** Es de color blanco y puede tener un acabado rugoso, para dibujos a lápiz, o un acabado liso, para dibujos a tinta.
- **Papel translúcido o vegetal.** De tono blanco azulado, permite el paso de la luz a través de él, lo que facilita ver con claridad cualquier dibujo que esté debajo. Es adecuado para trabajar con tinta china, aunque si es de baja calidad también se puede utilizar para croquis.

Experimenta

Materiales y utensilios

- 2 cartulinas DIN A-3
- Útiles de dibujo
- Tijeras y pegamento

A partir de dos cartulinas de tamaño DIN A-3, haz el montaje de la figura.

1. Prepara primero las dos cartulinas de tamaño DIN A-3.
2. Divide una de ellas de la forma que indica la figura para obtener un DIN A-4.
3. Recórtala, con lo que obtendrás dos DIN A-4, y pega una de ellas en la otra cartulina DIN A-3.
4. Sigue el proceso hasta que obtengas el formato DIN A-6.
5. Indica en cada formato el nombre y las medidas correspondientes.

DIN A-3			
297 × 420			

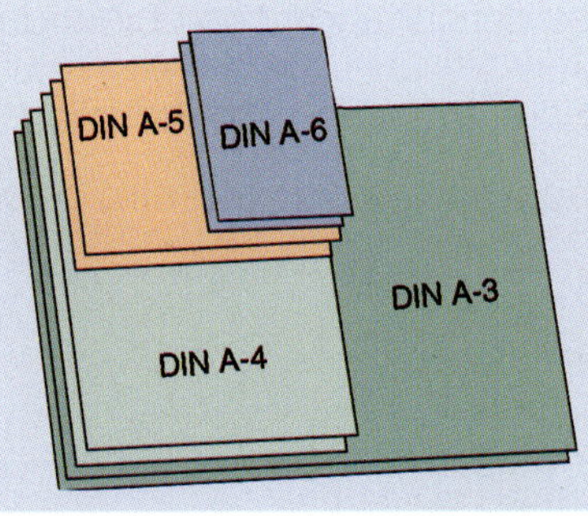

2. Procedimientos básicos

Para introducirnos en el dibujo técnico es primordial conocer y utilizar correctamente los instrumentos estudiados en el epígrafe anterior. Para ello, es necesario aprender unos procedimientos básicos.

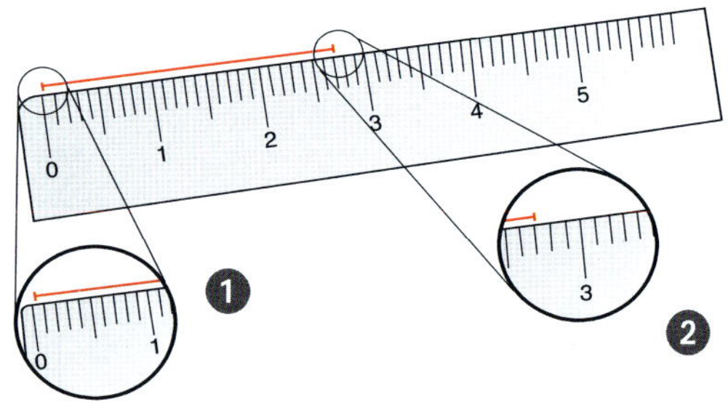

Medir con la regla.

Medir con la regla

Para medir con la regla seguiremos el siguiente procedimiento:

1. Hacemos coincidir el punto 0 con el extremo izquierdo del segmento.
2. Vemos qué división de la regla coincide con el extremo derecho. Para hacerlo, debemos mirar perpendicularmente.
3. La medida total del segmento coincide con el número total de divisiones en milímetros.

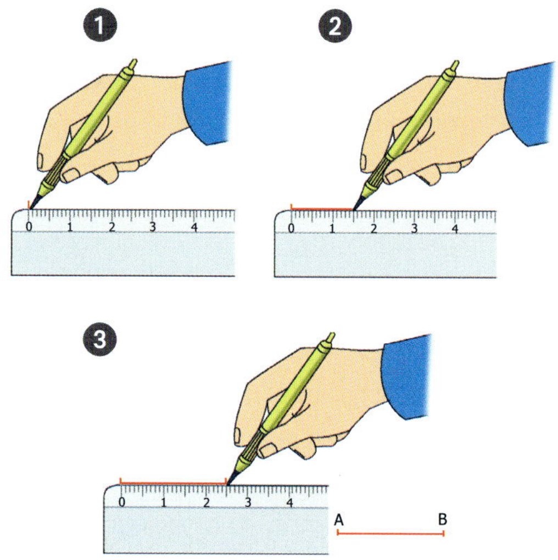

Trazar un segmento.

Trazar un segmento

Para trazar un segmento con la regla seguiremos el siguiente procedimiento:

1. Colocamos la regla sobre el papel y hacemos una marca en el 0 con el lápiz.
2. Deslizamos el lápiz a lo largo de la regla hasta la medida que ha de tener el segmento, en este caso, 25 mm.
3. Trazamos otra marca al final del segmento y nombramos los dos extremos con letras mayúsculas.

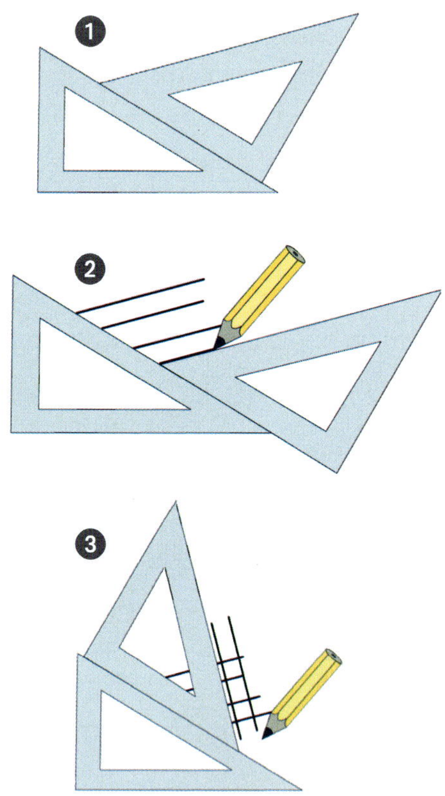

Trazar paralelas y perpendiculares.

Trazado de paralelas y perpendiculares

Antes de realizar cualquier trazo con escuadra y cartabón conviene comprobar que estos instrumentos pertenecen al mismo juego. En este caso, la longitud de la hipotenusa de la escuadra coincidirá con el cateto mayor del cartabón. Para trazar paralelas y perpendiculares se ha de seguir el siguiente procedimiento:

1. Para las paralelas, deslizamos la escuadra sobre la hipotenusa del cartabón con objeto de tener un mayor recorrido.
2. En el trazo de perpendiculares cambiamos de posición la escuadra apoyándola sobre el otro cateto.

Medir un ángulo

Para medir un ángulo seguiremos el siguiente procedimiento:

1. Hacemos coincidir la línea 0-180° del transportador con uno de los lados del ángulo y el punto de referencia con el vértice del ángulo.
2. El otro lado del ángulo indicará la medida sobre la escala graduada del transportador.

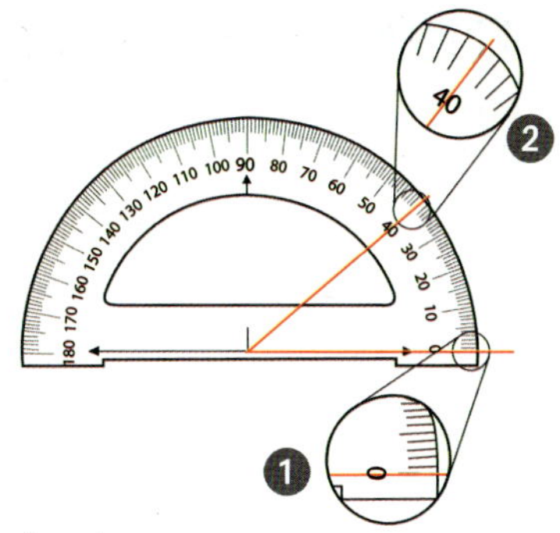

Medir un ángulo.

Trazar un ángulo

Para trazar un ángulo seguiremos el siguiente procedimiento:

1. Dibujamos una línea, marcamos un punto en ella y disponemos el transportador haciendo coincidir el punto de referencia con el punto señalado en la línea; luego marcamos los grados que deba tener el ángulo.
2. Trazamos una línea entre dicha marca y el punto señalado en la línea.

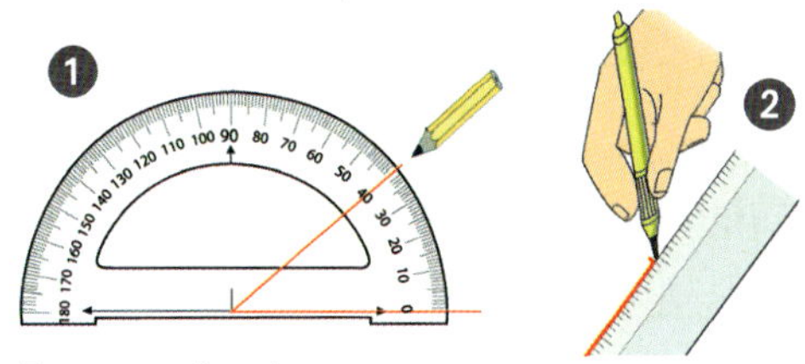

Trazar un ángulo.

Trazado de una circunferencia o un arco de circunferencia

Para trazar un arco o una circunferencia seguiremos el siguiente procedimiento:

1. Marcamos el centro de la curva que se desea trazar con un punto. Generalmente suele ser la intersección de dos líneas perpendiculares.
2. Abrimos el compás con la medida del radio de la curva. Se puede realizar con la ayuda del bisel de la regla.
3. Situamos la punta del compás en el centro de la curva y hacemos el trazado.

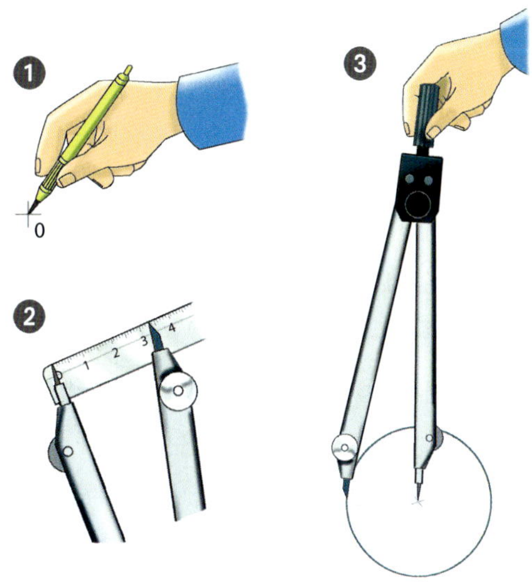

Trazar una circunferencia.

Representa

1. En la dirección *http://www.editorialteide.es/?8997*, en la unidad 2, encontrarás la carpeta **Procedimientos.** Imprime aquellas láminas que te indique el profesor o profesora y, después, realiza los ejercicios propuestos sobre el manejo de los instrumentos de dibujo.

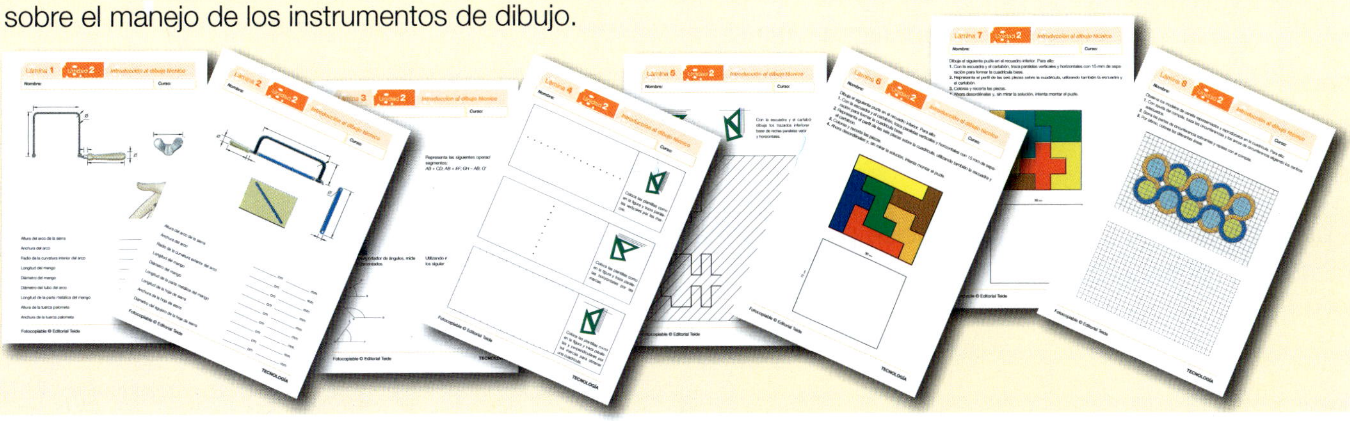

3. Construcciones geométricas elementales

La mayoría de los objetos que utilizamos están diseñados a partir de figuras geométricas elementales. Si observamos un tornillo, por ejemplo, veremos que su cabeza es circular, hexagonal, cuadrada, etc. Para dibujar los objetos utilizamos diversas construcciones geométricas.

Trazado de un triángulo isósceles de 6 cm de base y 8 cm cada uno de sus lados iguales

1. Trazamos la base *AB* de 6 cm. Con una abertura de compás igual a la longitud del lado, centramos en *A* y trazamos un primer arco.
2. Con la misma abertura centramos en *B* y trazamos un segundo arco, que corta al primero en el punto *C*.
3. Unimos el punto *C* con los puntos *A* y *B*, respectivamente.

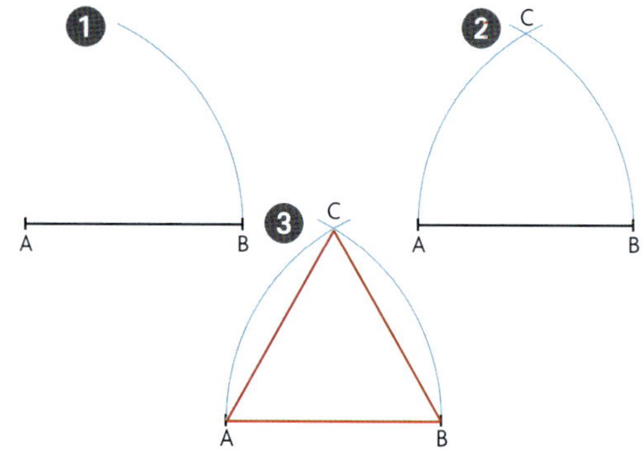

Triángulo equilátero inscrito en una circunferencia de 4 cm de radio

1. Trazamos la circunferencia de 4 cm de radio y el diámetro vertical que la corta en los ejes *A* y 1.
2. Haciendo centro en 1, con una abertura igual al radio, trazamos el arco que corta la circunferencia en los puntos *B* y *C*.
3. Uniendo el punto A con los puntos *B* y *C* obtendremos el triángulo pedido.

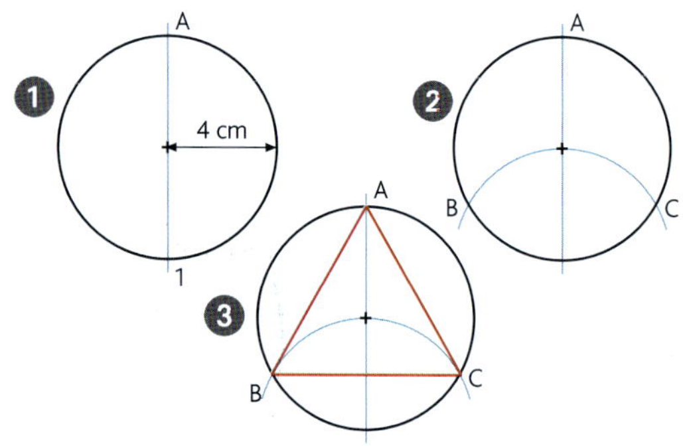

Cuadrado de 5 cm de lado

1. Dibujamos un segmento *AB* que conformará la base del cuadrado.
2. Trazamos dos perpendiculares por los puntos *A* y *B*. Haciendo centro en cada uno de los puntos mencionados y con una abertura del compás de 5 cm trazamos un arco que corta las perpendiculares en *C* y *D*.
3. Uniendo los puntos *C* y *D* obtendremos el cuadrado pedido.

A partir de este procedimiento, también podemos realizar el trazado de un rectángulo de lados conocidos.

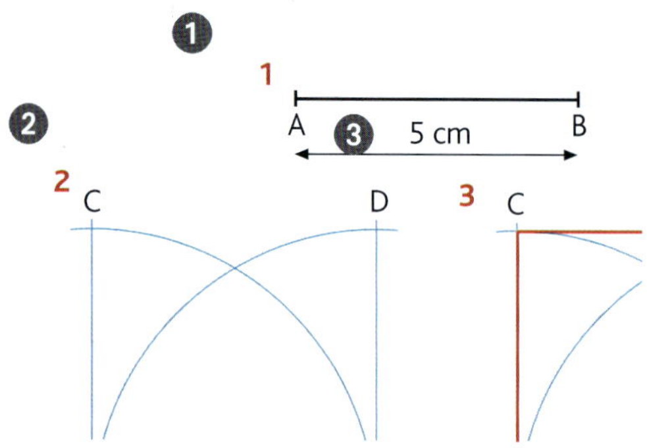

Hexágono regular de 4 cm de lado

1. Dibujamos una circunferencia de 4 cm de radio (igual al lado del hexágono) y trazamos, verticalmente, el diámetro *AB*.
2. Con una abertura del compás igual al radio, hacemos centro en *A* y trazamos un arco que corte la circunferencia en los puntos *C* y *D*. Así mismo, con centro en *B*, trazamos los puntos *E* y *F*.
3. Unimos sucesivamente los puntos *A, D, F, B, E* y *C*, y obtendremos el hexágono inscrito.

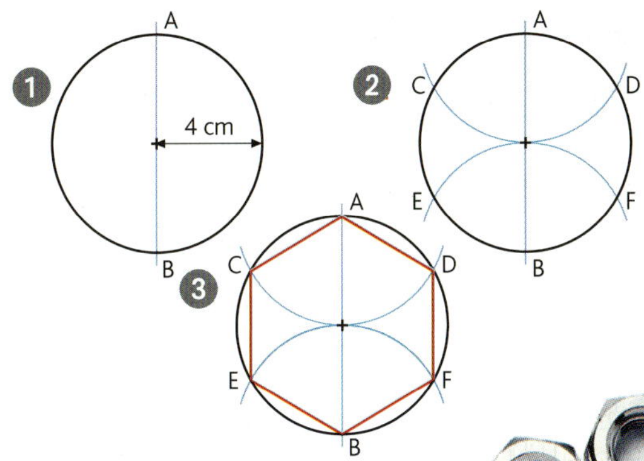

Romboide de 5 cm y 3 cm de lado con ángulo de 30°

1. Trazamos el segmento *AB* de 5 cm de lado.
2. Con centro en *A*, trazamos un arco con radio cualquiera que corte el segmento *AB* en *C*. Con centro en *C* y una abertura de 30° trazamos un arco que corte al anterior en el punto *D*.
3. Unimos *A* con *D*. Con centro en *A* y una abertura del compás de 3 cm, marcamos el punto *E*.

   Con la ayuda de la escuadra y el cartabón trazamos una paralela al segmento *AB* por el punto *E*. Con el mismo procedimiento y por el punto *B*, trazamos una paralela al segmento *AE*.

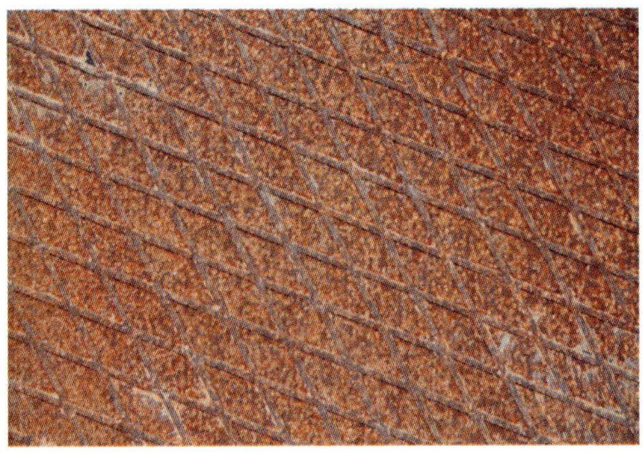

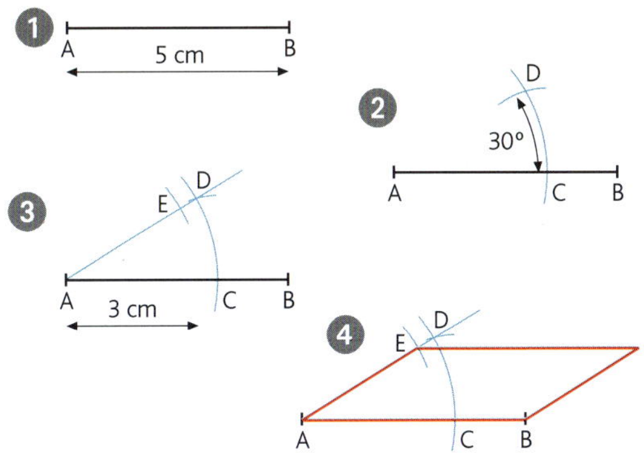

Representa

2. En la dirección *http://www.editorialteide.es/?8997,* en la unidad 2, encontrarás la carpeta **Construcciones.** Imprime aquellas láminas que te indique el profesor o profesora y, después, realiza los ejercicios propuestos basados en construcciones geométricas.

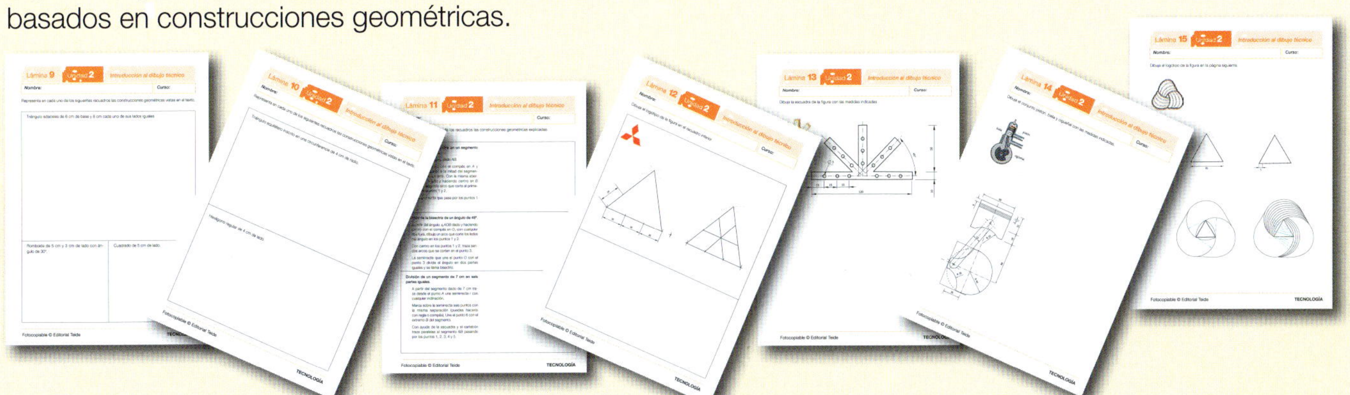

Experimenta

Olimpiadas solidarias en el instituto

En el instituto se están organizando unas olimpiadas deportivas solidarias en las que se celebrarán diversas competiciones. Enrique, profesor de Educación Física, ha encargado a los alumnos de 1.º de ESO el diseño y construcción de unas cajas con objeto de recaudar fondos y enviarlos a una ONG.

Por su parte, Eugenio, profesor de Tecnología, nos ha dado las premisas para la elaboración de las cajas.

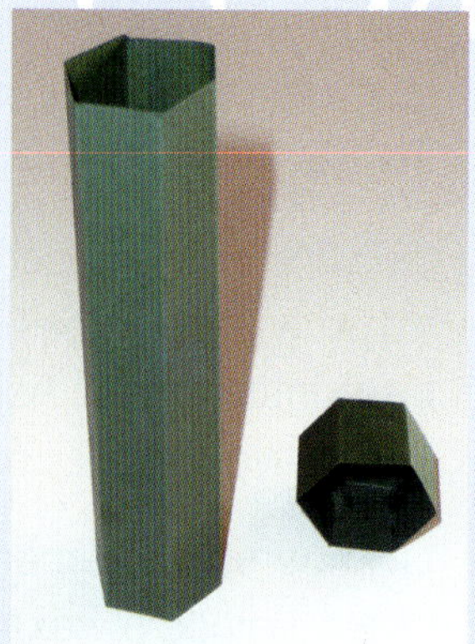

Condiciones que han de cumplir las cajas

1. Deben hacerse con cartulina.
2. Su construcción se basará en los desarrollos de prismas regulares, como los que aparecen en las figuras inferiores.
3. Deben tener tapa, que podrá constituir una pieza aparte.
4. Se decorarán con motivos de las olimpiadas deportivas.

Tareas

1. Elije una de las cajas de las fotografías y dibuja en una cartulina su desarrollo. Las líneas que marcan los dobleces deben dibujarse a trazos.
2. Decora las caras de las cajas con motivos de las olimpiadas (logos de las diversas competiciones, del instituto, ONG solidaria, etc).
3. Recorta el desarrollo realizado.
4. Pega por las pestañas.

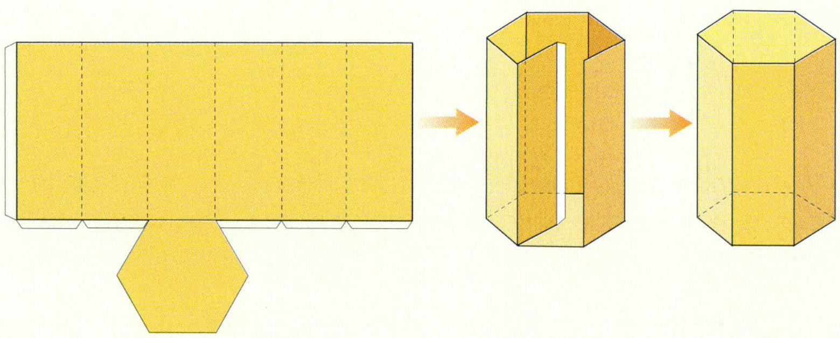

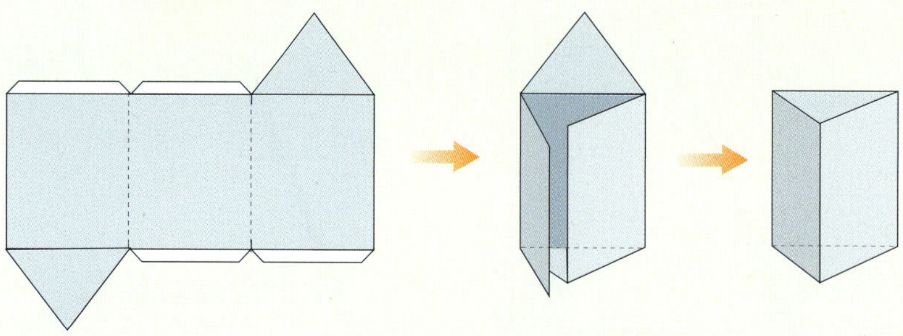

Síntesis

Elabora tu propio resumen del tema, completando con las palabras clave los espacios en blanco.

1. En dibujo técnico se utiliza como soporte para la realización de los ejercicios dos tipos de papel, el __________ y el translúcido o vegetal. Todos esos papeles tienen unas medidas __________.
2. Los papeles utilizados en dibujo tienen unas medidas normalizadas que se llaman formatos. El __________ más común es DIN A4 que tiene unas medidas de 210 × 297 mm.
3. Para medir y __________ segmentos se utiliza la regla, de las que podemos destacar tres tipos: regla común, doble __________ y escalímetro.
4. La escuadra y el cartabón se utilizan, principalmente, para realizar paralelas y __________ y para trazar ángulos __________ de 15°.
5. Para medir y trazar ángulos se utiliza el __________ de ángulos, que es una plantilla circular si está dividida en 360° o __________ si lo está en 180°.
6. Para trazar arcos de circunferencia o __________ necesitamos un compás, que es un instrumento de dibujo que dispone en uno de sus brazos de una __________ y en el otro de un elemento de trazo.
7. El trazado de polígonos __________ se puede realizar a partir del lado o a partir del __________ de la circunferencia que los circunscribe.
8. En la realización de dibujos, es muy importante que seamos __________, y solo tengamos en la mesa los instrumentos necesarios y la lámina de dibujo. Además, es también necesario __________ periódicamente la regla, escuadra, cartabón, etc. para que no ensucien la lámina cuando se desplacen sobre ella.

Palabras clave

ordenados, transportador, formato, regulares, aguja, perpendiculares, decímetro, papel opaco, circunferencias, normalizadas, trazar, múltiplos, limpiar, semicircular, radio

Recursos en red

Entra en el sitio web que te indicamos a continuación y podrás observar algunos procedimientos de dibujo geométrico animados en Flash. La dirección la encontrarás en *http://www.editorialteide.es/?8997.*

1. Visualiza los tres primeros apartados.
   - Trazados básicos.
   - Los polígonos a partir del radio.
   - Los polígonos a partir del lado.

2. De algunas de las construcciones ya has hecho ejercicios en diversas láminas. Realiza ahora en papel los ejercicios que te indique el profesor o profesora sobre las construcciones visualizadas.

Más recursos TIC

- **Recurso 1:** Página muy interesante donde se repasan conceptos de geometría plana, así como trazados básicos a partir de animaciones en Flash.
- **Recurso 2:** Esta página, como la anterior, dispone de animaciones en Flash sobre diversos procedimientos geométricos.

Encontrarás los enlaces en la dirección anterior.

Competencias básicas

Rompecabezas de nueve piezas

Queremos conseguir varias figuras geométricas a partir de un cuadrado de 6 cm de lado y un círculo de 3 cm de radio, resultando un puzle de nueve piezas. Con esas piezas debidamente combinadas obtendremos otras figuras planas que analizaremos desde el punto de vista geométrico y matemático. Este puzle se puede construir con material reciclado (envases de cereales, tetabriks, cajas de zapatos, etc.) o, en su defecto, con cartulinas.

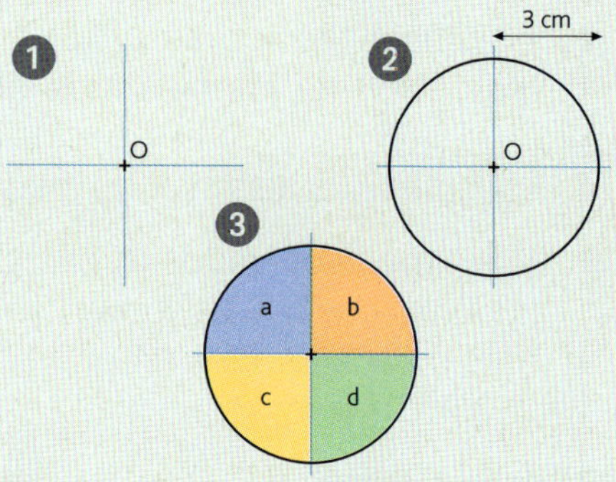

1. Obtención de las cuatro piezas del círculo.

1. Trazamos dos ejes perpendiculares que se cortan en el punto *O*.
2. Con centro en *O* y una abertura del compás de 3 cm trazamos una circunferencia.
3. El círculo queda dividido por los ejes en cuatro partes iguales: *a*, *b*, *c* y *d*.
4. Recortar las cuatro piezas obtenidas

2. Obtención de las cinco piezas del cuadrado.

1. Trazamos el cuadrado *ABCD* de 6 cm de lado por el procedimiento visto anteriormente.
2. Por el punto medio *M*, del lado *AB*, trazamos una paralela a *AD*.
3. Por el punto medio *E*, de *MN*, levantamos una perpendicular que corta a *BC* en *F*.
4. Por el punto medio *G*, de *AD*, trazamos el segmento *GM*.
5. Trazamos el segmento *ED*.
6. El cuadrado queda dividido en las cinco figuras *e, f, g, h* e *i*.
7. Recortar las cinco piezas obtenidas.

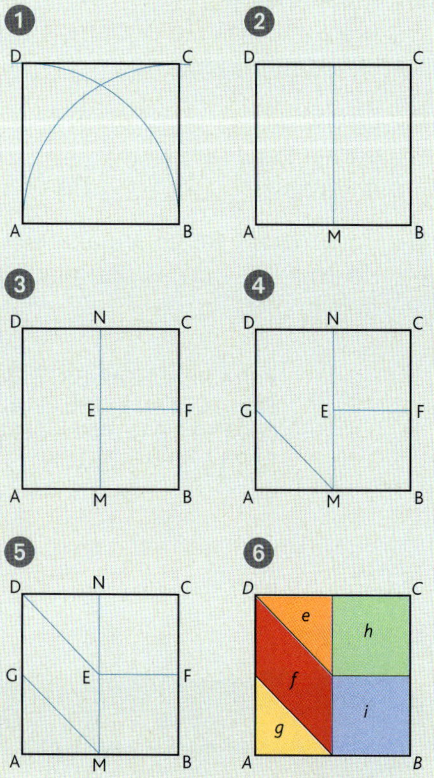

3. Responde las siguientes preguntas:

1. Observa que el círculo ha quedado dividido en cuatro partes iguales. ¿Cómo se llama cada una de estas partes?
2. Observa como el cuadrado de 6 cm de lado ha quedado divido en cinco figuras geométricas. ¿Qué nombre recibe cada una de ellas?
3. Calcula el perímetro y el área del cuadrado de 6 cm de lado y del círculo.

	Perímetro (cm)	Área (cm^2)
círculo		
cuadrado		

4. **1.** Indica cuántos triángulos, como el de la figura **g**, se necesitan para cubrir cada una de las superficies siguientes:

superficie *e*: ______ superficie *h*: ______

superficie *f*: ______ superficie *i*: ______

2. Calcula el valor de la superficie de la figura **g**.

3. ¿Cuánto vale la superficie de cada una de las partes del círculo: **a**, **b**, **c** y **d**?

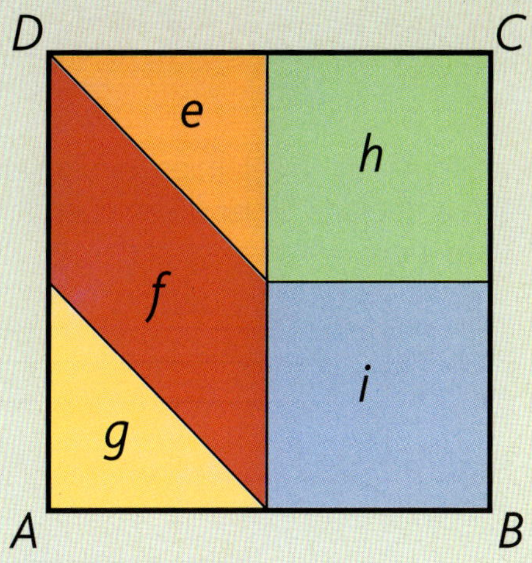

5. Con las cinco piezas obtenidas del cuadrado monta un rectángulo.

1. Calcula su perímetro.

2. Calcula el área.

3. ¿Qué figura tiene mayor perímetro: el cuadrado de 6 cm de lado o el rectángulo anterior?

6. Con las nueve piezas obtenidas del cuadrado y el círculo montamos la siguiente figura:

1. Calcula su perímetro.

2. Calcula el área.

7. En la dirección *http://www.editorialteide.es/?8997,* en la unidad 2, encontrarás la carpeta **Aplicaciones**. Imprime las que te indique el profesor o profesora y, después, realiza los ejercicios propuestos sobre el puzle trabajado en los puntos anteriores.

Actividades finales

1. Dibuja en una lámina el siguiente instrumento de marquetería teniendo en cuenta que la cuadrícula es de 1 cm.

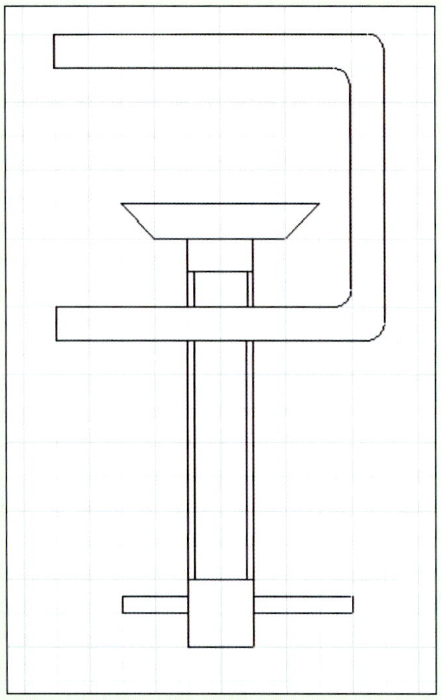

2. El tangram es un juego milenario de origen chino que consta de siete piezas: dos triángulos pequeños, dos grandes, uno mediano, un cuadrado y un paralelogramo. Dibuja en cartulina la figura inferior y recorta las siete piezas.

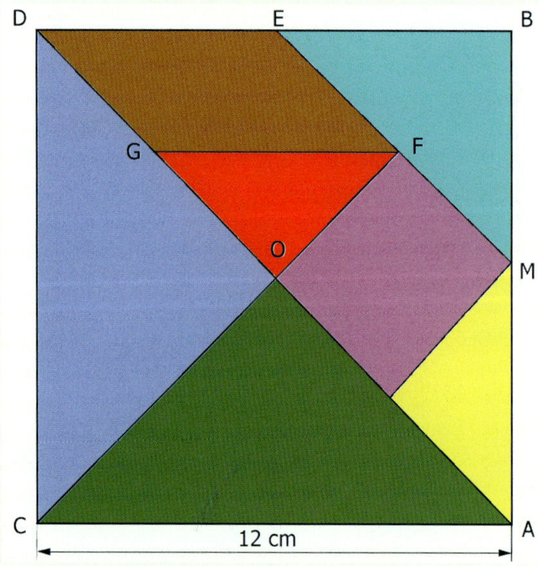

3. Monta con el tangram anterior las figuras siguientes y dibuja las soluciones de las cuatro figuras de la derecha en el cuaderno de Tecnología.

4. Los mosaicos árabes están formados por pequeñas piezas de vidrio o de cerámica que encajan unas con otras. Estas piezas son figuras geométricas que se realizan a través de giros, simetrías, etc.

Una de estas figuras es el hueso nazarí. Por deformación de un cuadrado se puede obtener una figura geométrica en forma de hueso que tiene la misma superficie del cuadrado original.

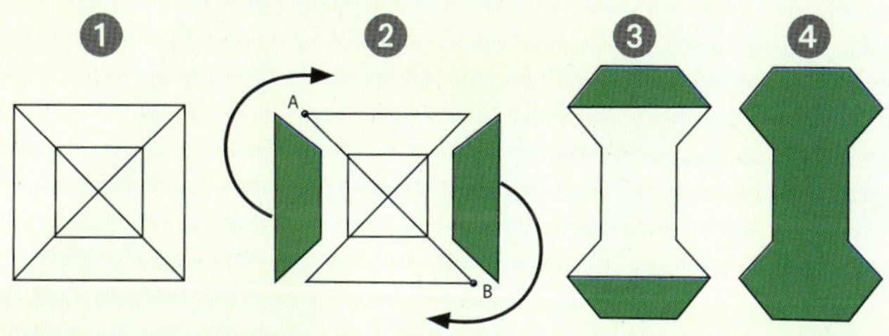

a) Dibuja el hueso nazarí a partir de un cuadrado de 5 cm.

b) Dibuja un pequeño mosaico hecho de huesos nazaríes.

5. A partir de figuras geométricas dibuja siguiente el logotipo sabiendo que:

- El triángulo *BCD* mide 50 mm de lado.
- El grosor de las piernas es de 10 mm.
- El grosor de los brazos es de 6 mm.
- El grosor del cuerpo es de 15 mm.
- La distancia *CO'* es de 38 mm.
- La distancia *BO"* es de 32 mm.
- El diámetro de la cabeza y la pelota es de 20 mm.
- El triángulo *CKR* mide 32 mm de lado.
- El hexágono está inscrito en una circunferencia de 65 mm de radio.

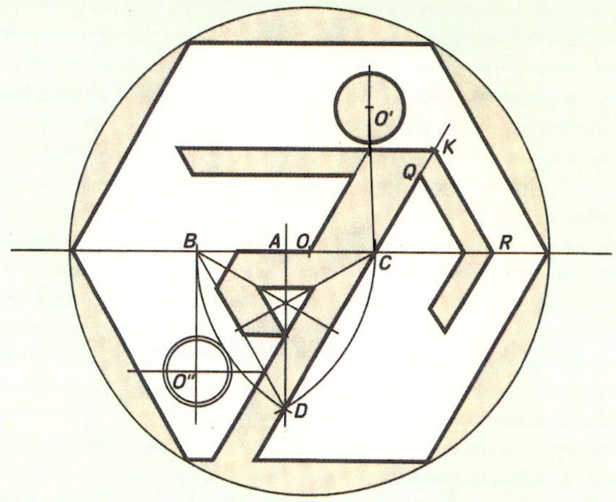

6. Con la ayuda de los instrumentos necesarios, reproduce una de estas composiciones geométricas:

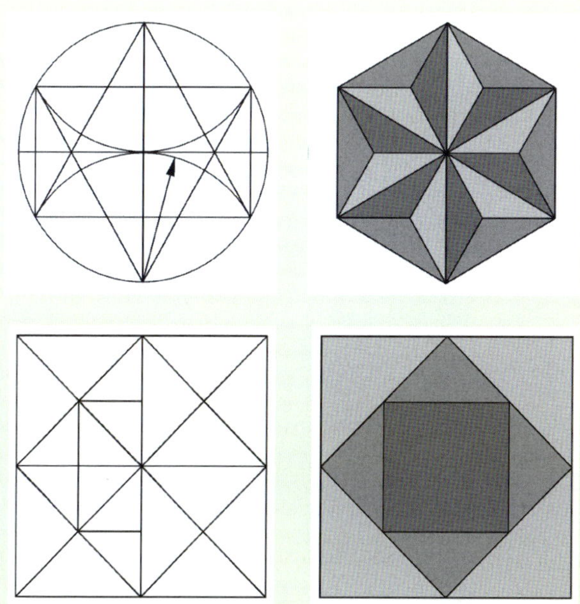

UNIDAD 3

La representación de objetos

La representación gráfica es una forma de comunicación que nos ofrece una imagen de objetos, piezas, instalaciones o edificios, etc., mediante dibujos. Al realizar estos dibujos, hay que seguir una serie de normas establecidas para que puedan ser interpretados. **Todo lo relacionado con la representación gráfica siguiendo estas normas se llama *dibujo técnico*.**

Analizaremos este tipo de representaciones diferenciando si se realizan a mano alzada o con herramientas de dibujo, o si se dibujan mediante vistas o perspectivas.

Actividades iniciales

El plano que ves a continuación representa un borrador. En él puede apreciarse el objeto representado de diferentes formas, y también la indicación de sus medidas. Obsérvalo con atención y responde las siguientes preguntas:

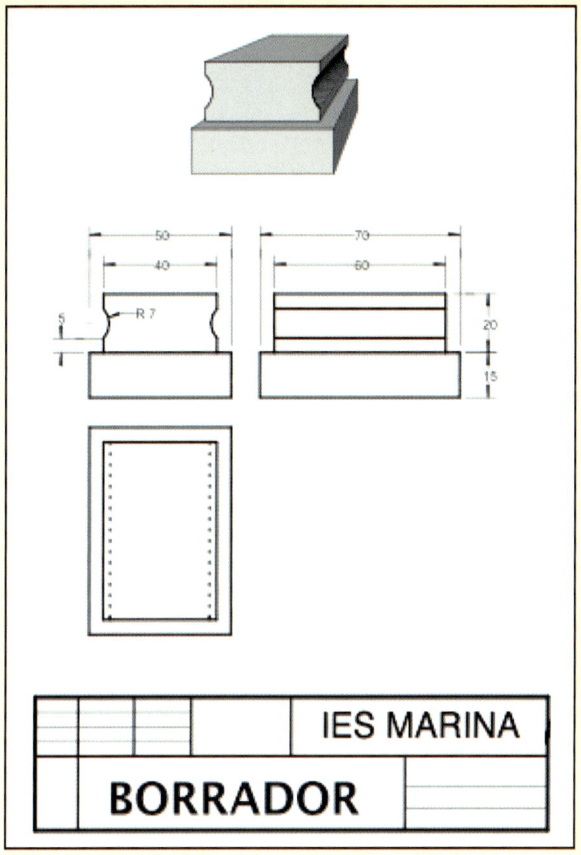

1. ¿Qué diferencias observas entre el dibujo superior y los tres inferiores?
2. ¿Sabes a qué tipo de representación corresponde el dibujo superior? ¿Y los inferiores?
3. ¿Cuánto mide de ancho, de alto y de profundidad?
4. ¿Por qué crees que no se han indicado las medidas en la figura inferior?
5. ¿Sabes qué significa la acción de acotar en dibujo técnico?

1. Croquis y planos

La representación de objetos se puede realizar de dos formas:

1. A mano alzada

Se trata de una primera aproximación gráfica y proporcionada a la forma de un objeto utilizando únicamente lápiz, papel y goma de borrar. A este tipo de representación se le llama **croquis** y en él deben incluirse las medidas, es decir, acotarlo.

2. Mediante herramientas de dibujo

En este tipo de representación se utilizan otros utensilios de dibujo, como reglas y compás o, incluso, aparatos como el ordenador. Hay que seguir una serie de normas y los dibujos se pueden realizar a escala. Las representaciones así obtenidas dan lugar a los **planos**, que deben incluir un cajetín de datos.

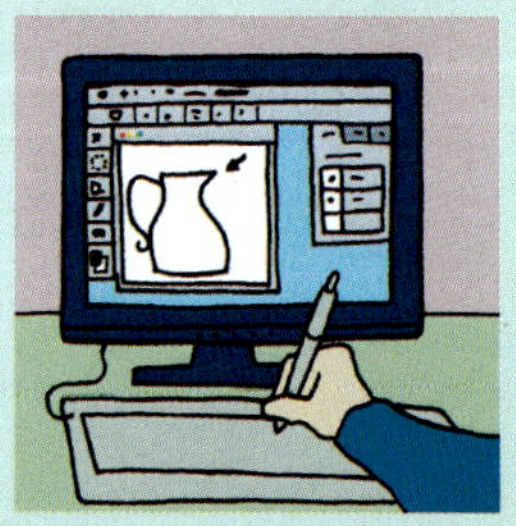

Hace tiempo, los planos se dibujaban a mano con útiles de dibujo, como los rotuladores calibrados. Pero en la actualidad, los planos se dibujan con ordenador, con programas específicos de dibujo técnico como AutoCAD, AutoSketch o Qcad.

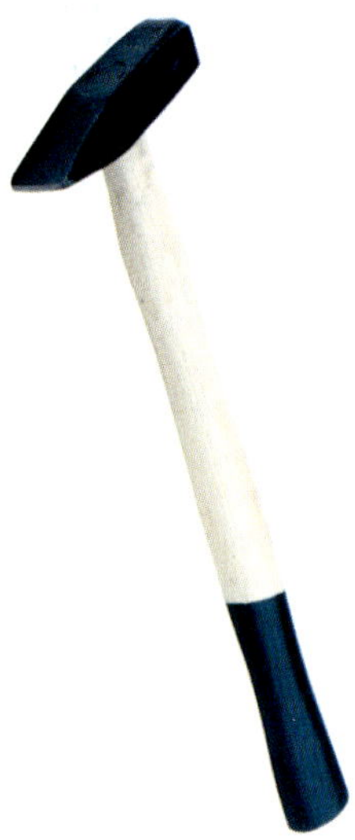

Martillo de carpintero.

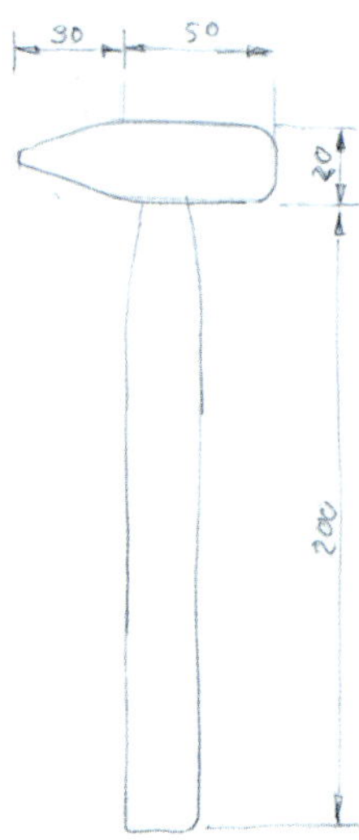

Croquis.

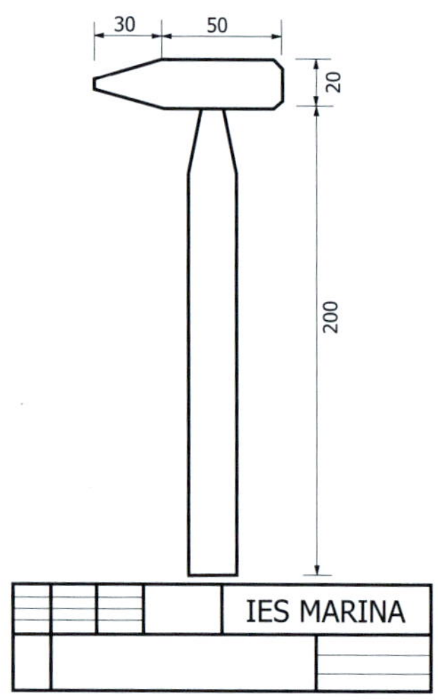

Plano.

2. Acotación

Acotar un dibujo significa indicar todas sus medidas reales para que pueda ser interpretado. Los elementos que se indican al realizar un acotamiento son las **líneas de cota**, las **líneas auxiliares de cota**, las **cotas** (en cifras) y los **símbolos**, si se diera el caso.

Para acotar correctamente un dibujo, hay que seguir una serie de reglas y criterios que, en ocasiones, pueden ser complejos. Se deben indicar todas las cotas necesarias para la construcción del objeto pero no hay que poner más de las necesarias.

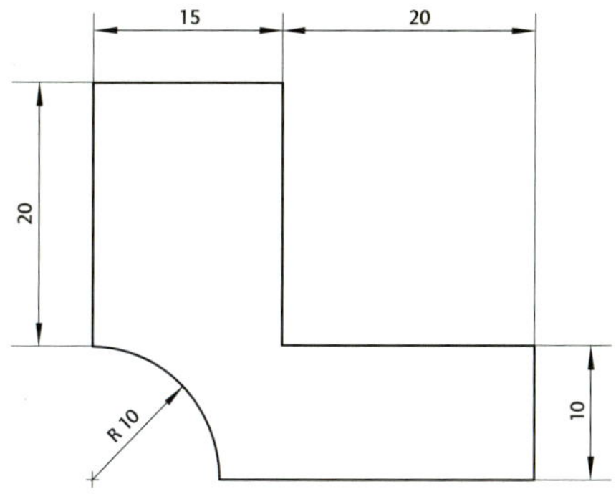

Responde

1. Observa la pieza superior, que ya está acotada, vuelve a dibujarla e indica en ella los cuatro elementos necesarios para el acotamiento.

Analiza

2. En las siguientes figuras se han indicado las medidas de una pieza, pero en todas se han cometido errores. Intenta descubrirlos y haz una descripción.

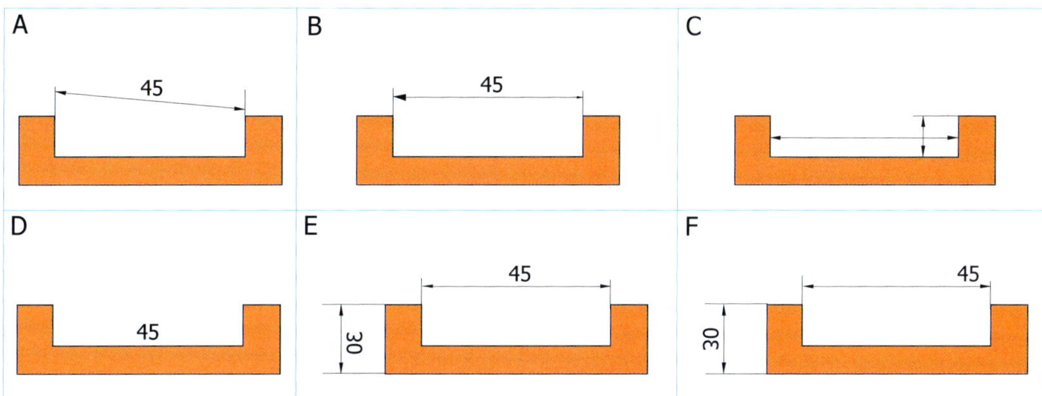

Representa

3. Acota la siguiente figura sabiendo que cada cuadro debe medir 5 mm de lado. Puedes ayudarte del archivo **Lámina 1** que encontrarás en la carpeta **Láminas** en *http://www.editorialteide.es/?8997* en la unidad 3.

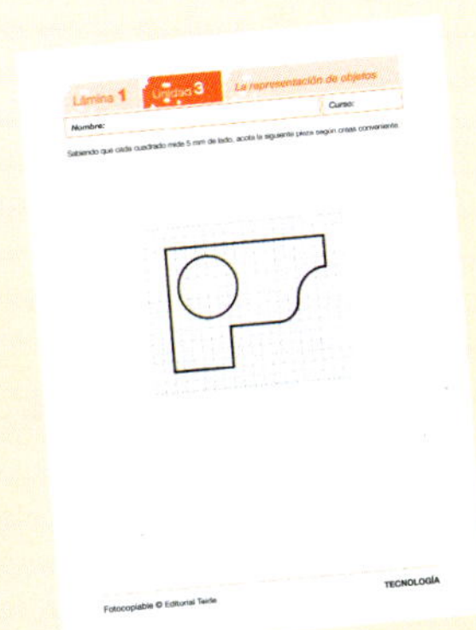

3. Vistas

En el dibujo técnico existen dos formas de representar objetos: mediante vistas o perspectivas. Representar un objeto mediante vistas consiste en dibujarlo desde varios ángulos para facilitar su comprensión. El martillo que aparece ilustrado junto a estas líneas se ha representado desde seis posiciones diferentes, es decir, se han dibujado seis vistas, apareciendo solo dos dimensiones en cada una.

Como se puede comprobar, para comprender cómo es el objeto no siempre es necesario dibujar todas las vistas. En este caso, con una o dos sería suficiente. Normalmente se suelen dibujar tres vistas denominadas: alzado, planta y perfil.

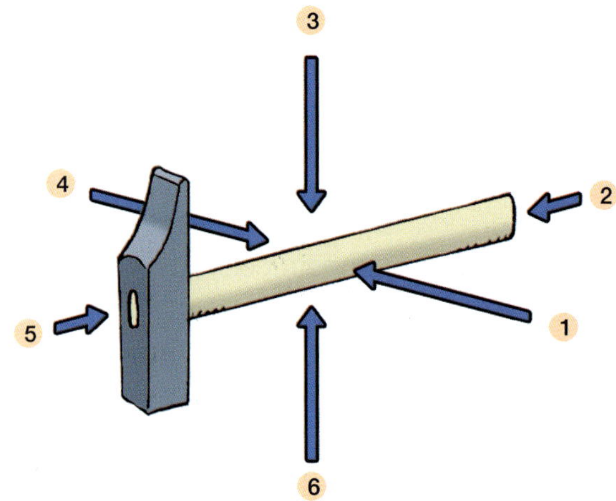

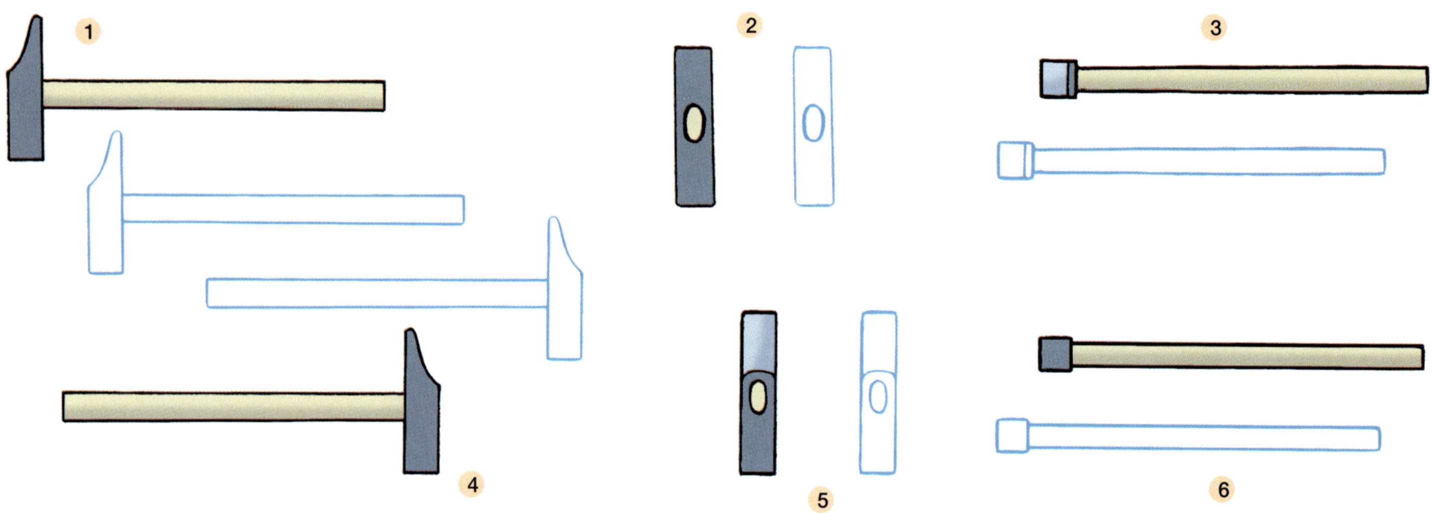

Representa

4. Indica la correspondencia entre las vistas relacionando el número y la letra.

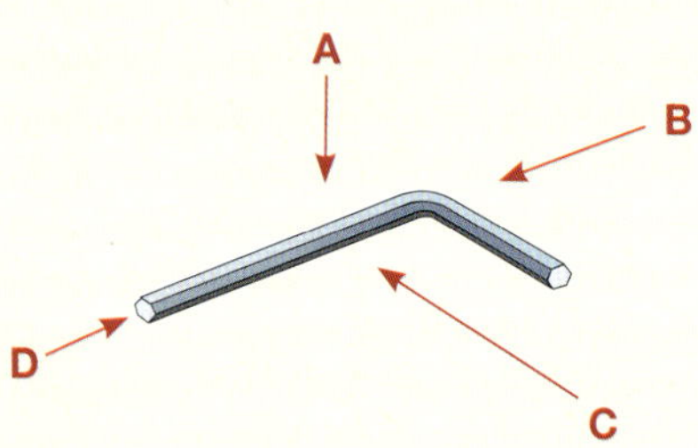

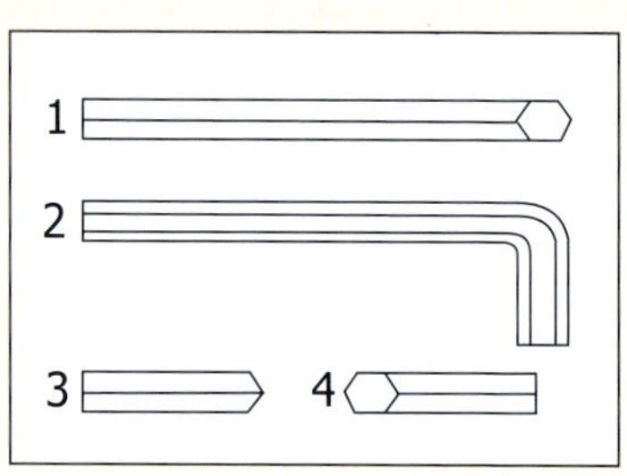

5. Haz el croquis de las cinco vistas indicadas de la grapa.

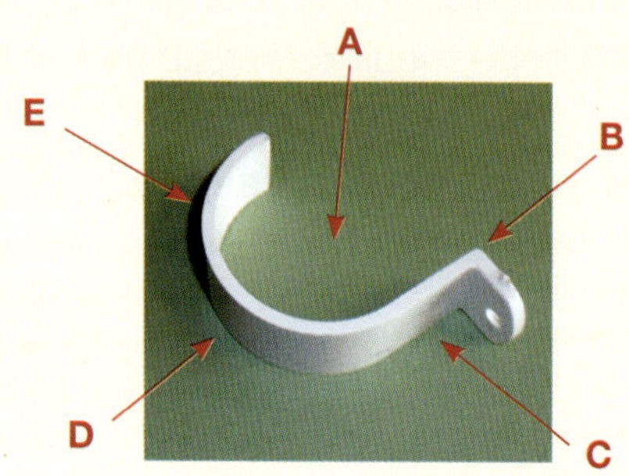

4. Vistas de alzado, planta y perfil

Como se ha dicho, las vistas principales de un objeto son:

- **Vista de alzado**: es la vista frontal del objeto y corresponde a la más representativa.
- **Vista de planta**: es la vista desde arriba, como si se volara por encima del objeto.
- **Vista de perfil**: es una vista lateral que nos proporciona dimensiones y formas adicionales del objeto.

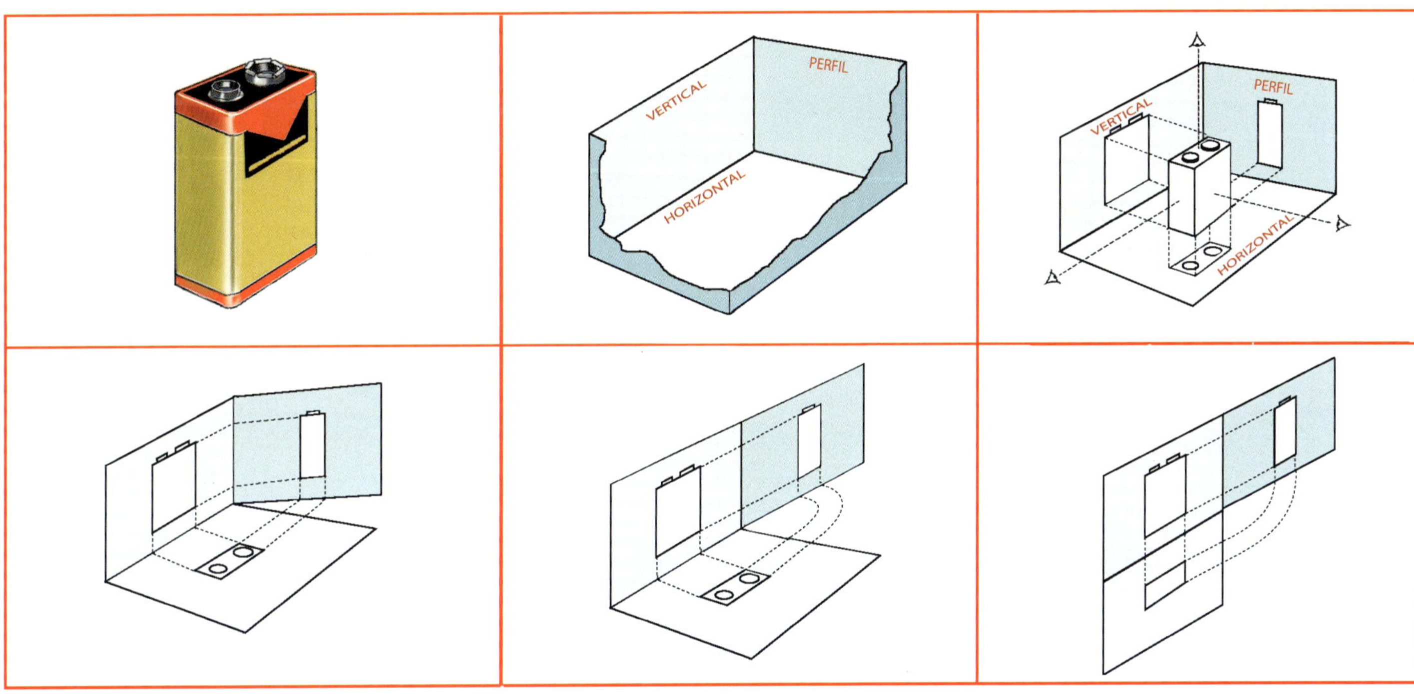

Para obtener las vistas de un objeto, como por ejemplo una pila, tienes imaginar una caja en la que solo se dejan tres caras o planos: vertical, horizontal y el perfil. A continuación, se sitúa la pila entre los tres planos y se dibuja en cada uno de ellos la vista correspondiente. Finalmente se despliegan el plano vertical y el horizontal y aparecen las vistas tal y como deben quedar situadas.

Puedes observar que las dimensiones de las tres vistas se corresponden:

- Las vistas de alzado y de perfil tienen la misma altura.
- La vistas de alzado y de planta tienen la misma anchura.
- Las vistas de planta y de perfil tienen la misma profundidad.

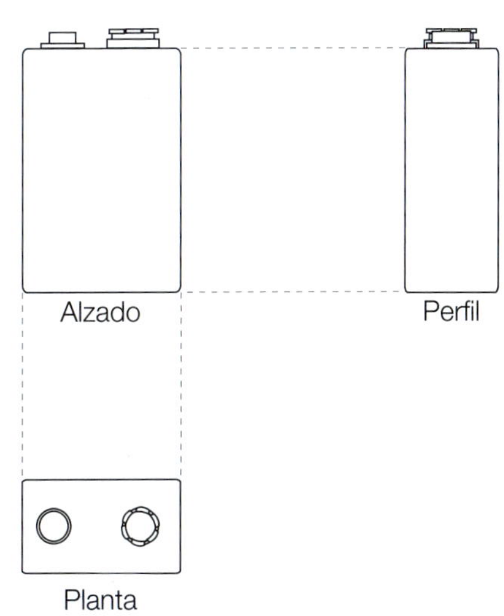

Experimenta

Imprime el triedro que encontrarás en *http://editorialteide.es/?8997*, recórtalo y utilízalo en las propuestas que te indique tu profesor o profesora.

Representa

6. Indica qué vista corresponde al alzado, a la planta y al perfil de cada una de las piezas. Se considerará que la vista de alzado corresponde a la indicada por la flecha.

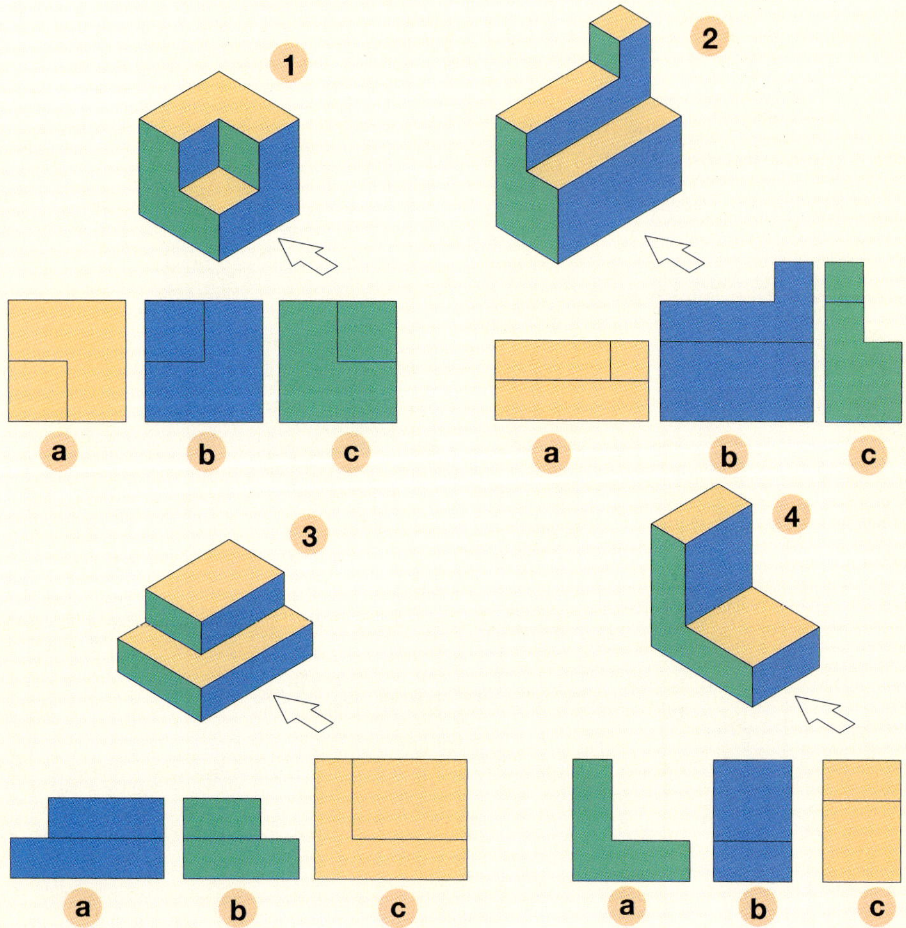

7. Copia en tu cuaderno la representación de las vistas correspondientes a cada pieza y dibuja la que falta.

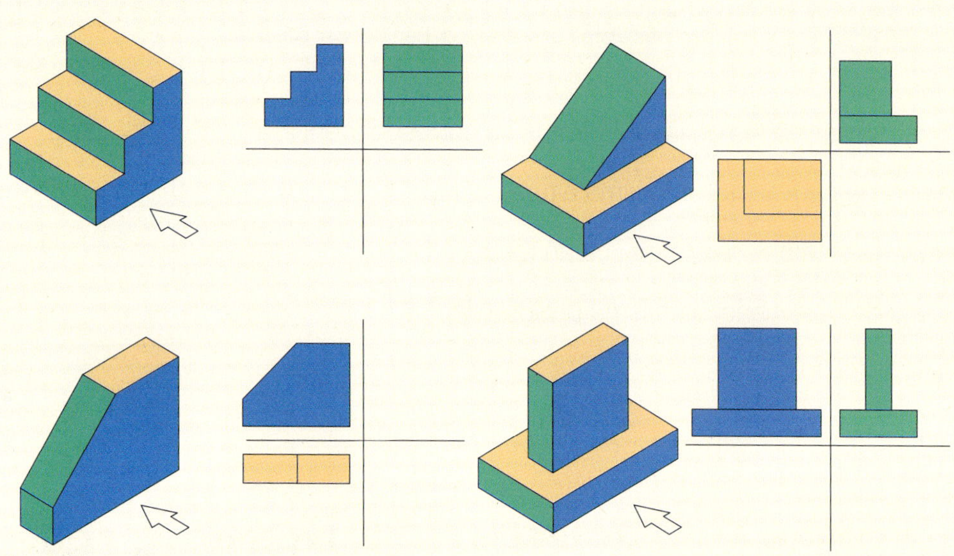

Experimenta

Sabiendo que cada cuadrícula mide 1 cm, dibuja el recortable sobre un trozo de cartulina y podrás montar la pieza de la figura. También puedes imprimir el recortable que encontrarás en *http://editorialteide.es/?8997*, en la unidad 3.

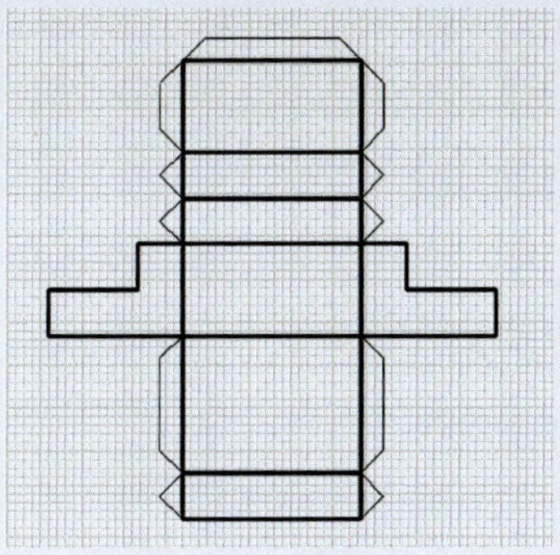

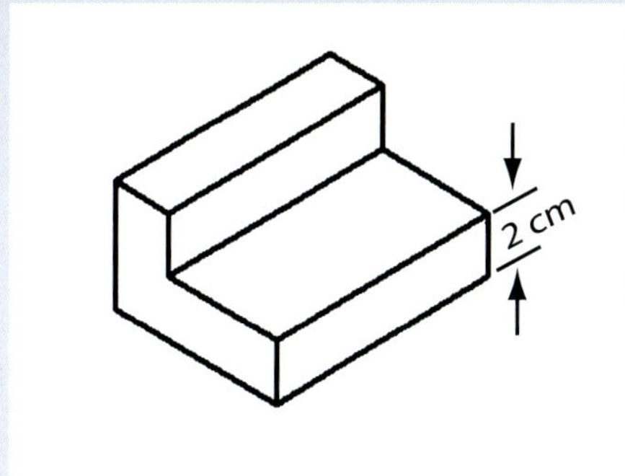

a) Dibuja la planta, el alzado y el perfil de la pieza en diferentes posiciones. Para ello localiza la carpeta **Láminas** en *http://www.editorialteide.es/?8997* en la unidad 3, e imprime las que te indique tu profesor o profesora.

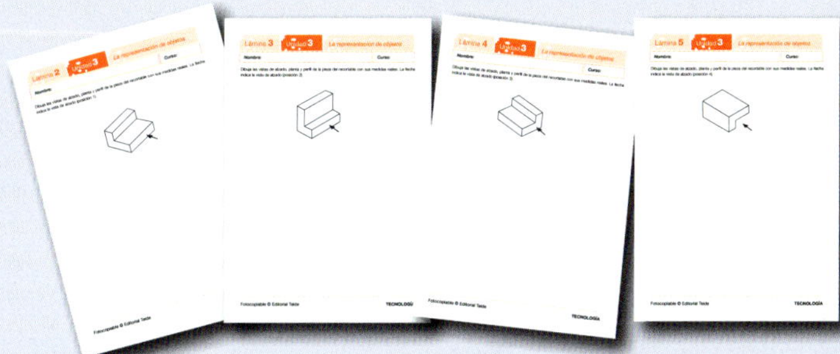

b) Aprovechando las piezas de tus compañeros, reúne cuatro de ellas y monta las siguientes figuras:

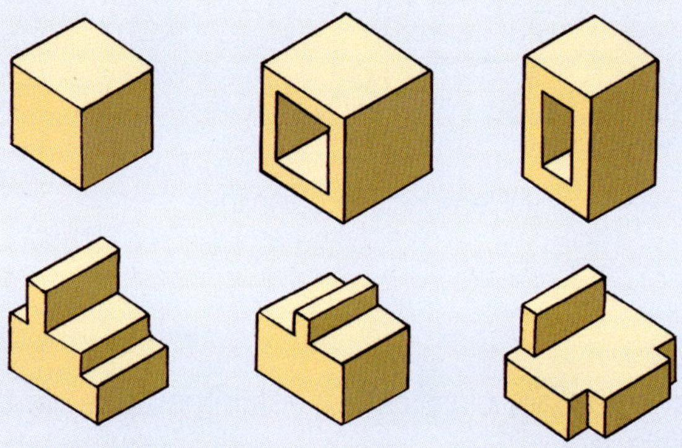

c) Dibuja las vistas de las figuras anteriores. Para ello localiza la carpeta **Láminas** en *http://www.editorialteide.es/?8997* en la unidad 3, e imprime las que te indique tu profesor o profesora.

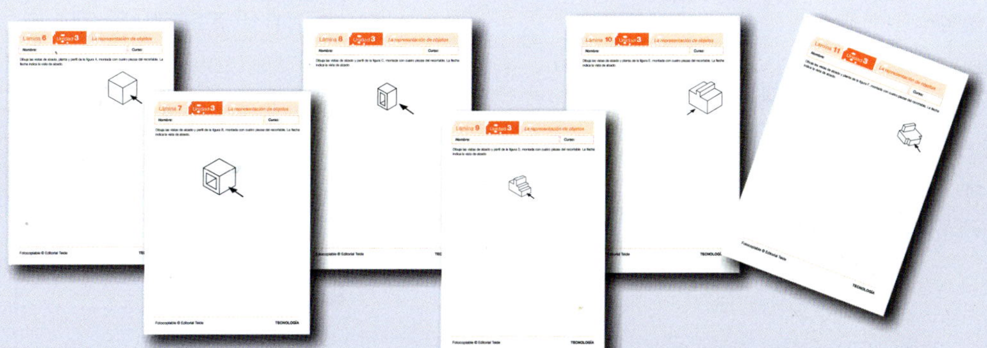

5. Perspectiva

Realizar la representación de un objeto en perspectiva resulta más complejo que dibujar las vistas, pero tiene la ventaja de que nos permite introducir el volumen de los objetos, es decir, se representan las tres dimensiones. Gracias a la perspectiva nos podemos hacer una idea más real de la forma de los objetos.

Para dibujar un croquis en perspectiva se suele utilizar la técnica del encaje tal y como se puede ver en el ejemplo del borrador.

Los tipos de perspectiva más utilizados son la perspectiva isométrica, la caballera y la cónica. De todas ellas, esta última es la más complicada de representar, aunque es la que más se asemeja a la realidad.

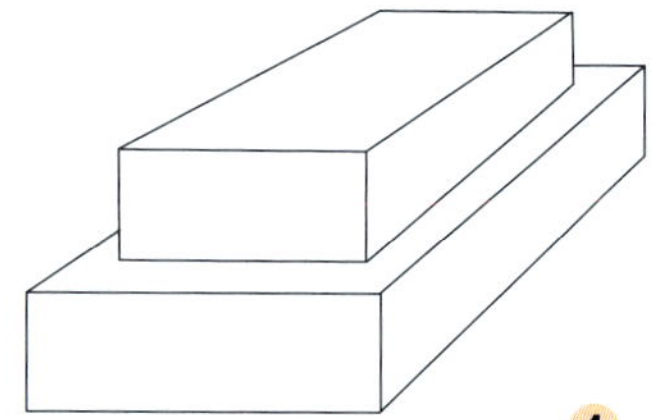

1

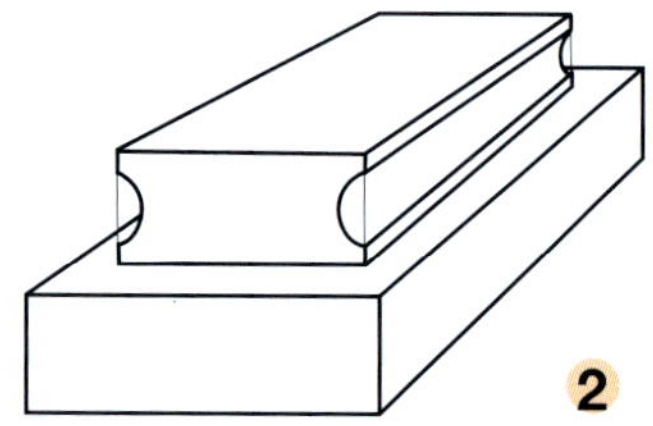

2

Analiza

8. Observa los dibujos del archivador y explica la diferencia que hay entre cada uno de ellos.

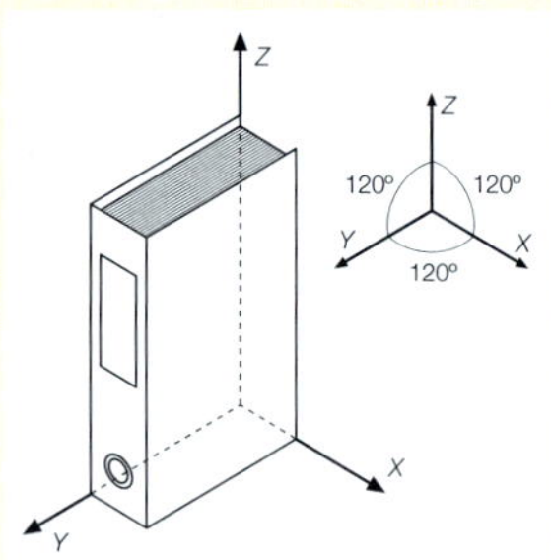

Perspectiva isométrica.

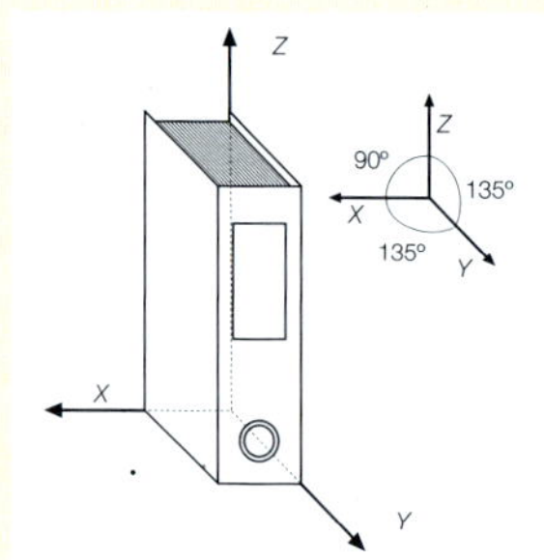

Perspectiva caballera.

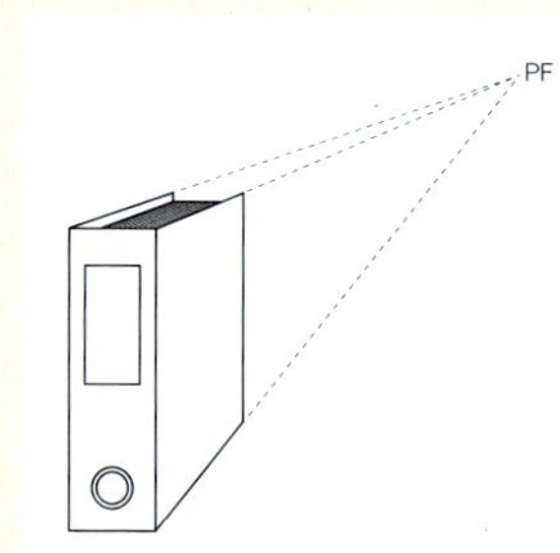

Perspectiva cónica.

Responde

9. A continuación, tienes un esquema para clasificar los distintos tipos de dibujos. Cópialo en tu cuaderno y complétalo con las palabras de la lista.

- caballera
- vistas
- croquis
- alzado
- perfil
- isométrica

Dibujo técnico
- Según la forma de dibujar
  - a mano alzada — [ ]
  - con utensilios de dibujo — planos
- Según la forma del dibujo
  - [ ] — [ ], planta, [ ]
  - perspectivas — [ ], [ ], cónica

Analiza

10. Las siguientes figuras pertenecen a cuatro objetos. Algunas de ellas son vistas y otras, perspectivas. Identifícalas e indica de qué tipo es cada una de ellas.

Figura	Objeto	Tipo de representación
1	vela	perspectiva caballera
2		
...		
12	señal de tráfico	vista de perfil

Representa

11. A continuación, aparecen las vistas de dos piezas. Dibújalas en perspectiva isométrica ayudándote de la pauta de la **Lámina 12** y **Lámina 13** que encontrarás en *http://www.editorialteide.es/?8997* en la unidad 3.

Pieza A

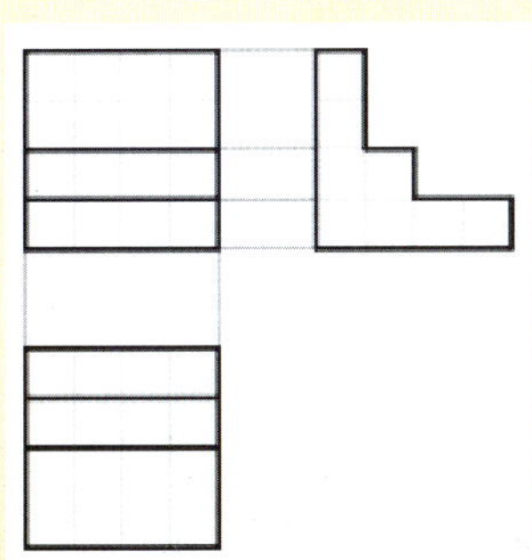

Pieza B

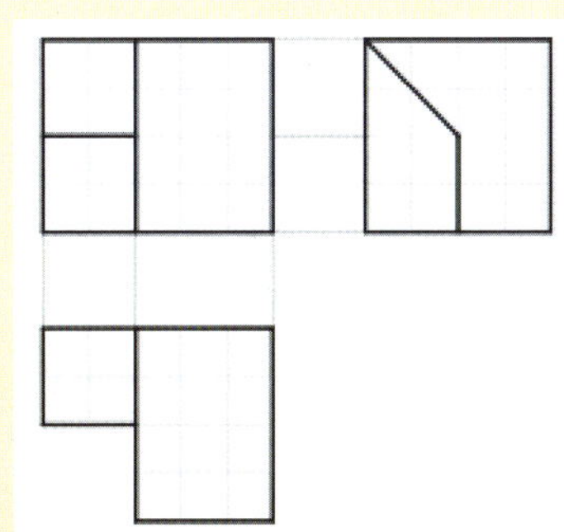

6. Escala

La mayoría de los objetos no pueden ser representados con sus medidas reales, bien porque sus dimensiones son mucho mayores que las del papel de dibujo o bien porque son muy pequeños y resulta imposible dibujarlos con la precisión necesaria.

La solución consiste en reducir o ampliar proporcionalmente todas las medidas del objeto. La relación que se establece entre las medidas del dibujo y las del objeto real se llama **escala**. Así, podemos distinguir entre escala de ampliación, natural o de reducción.

$$\text{escala} = \frac{\text{medidas del objeto en el dibujo}}{\text{medidas del objeto real}}$$

Para representar esta silla se ha tenido que reducir el dibujo.

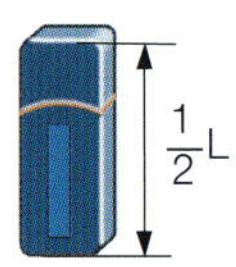

Escala 1:2
Escala de reducción.

Lo que en el dibujo mide 1 en la realidad mide 2.

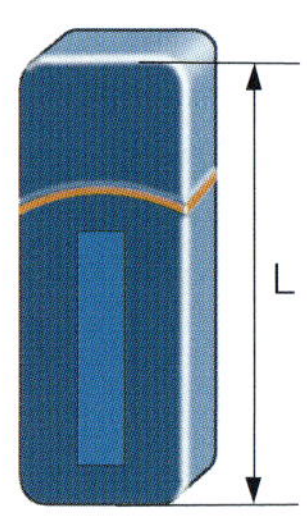

Escala 1:1
Escala natural.

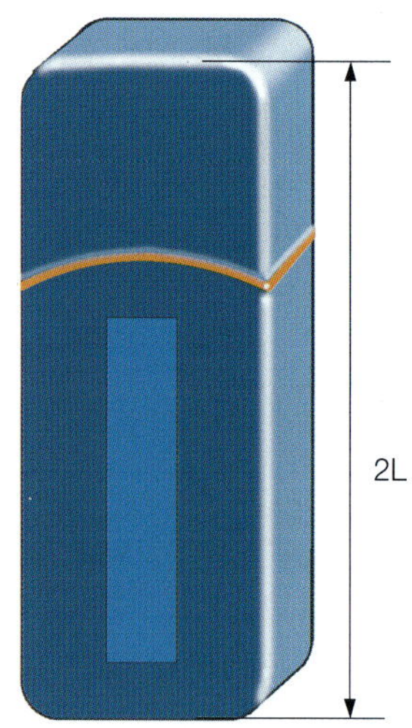

Escala 2:1
Escala de ampliación.

1. ¿Cómo se dibuja un objeto a una escala dada?

Para representar, por ejemplo, una vista de una mesa de 80 cm de alto y 60 cm ancho a escala 1:20, el dibujo deberá ser 20 veces más pequeño que la realidad:

$$\text{alto} = \frac{80\text{ cm}}{20} = 4\text{ cm} \qquad \text{ancho} = \frac{60\text{ cm}}{20} = 3\text{ cm}$$

Por tanto, el dibujo de la mesa debería medir 4 cm de alto y 3 cm de ancho.

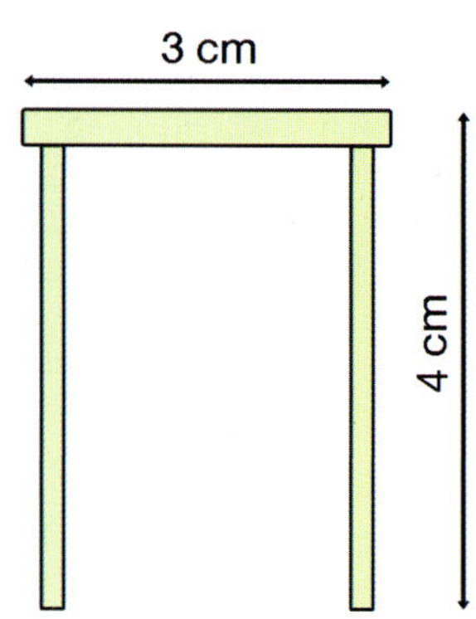

2. ¿Cómo saber cuánto mide un objeto a partir de una escala dada?

Observa la maceta de la figura, que se ha dibujado a escala 1:10. Si mides su altura comprobarás que es de 4 cm. Como el objeto real es 10 veces mayor que el del dibujo, la maceta tendrá una altura real de:

$$\text{altura} = 4 \times 10 = 40 \text{ cm}$$

Vista de alzado de una maceta a escala 1:10.

3. ¿Cómo saber a qué escala hay que dibujar un objeto?

Imagina que quieres dibujar una puerta de 200 × 100 cm en una hoja de papel DIN A4. Obviamente deberás emplear una escala de reducción. Primero tienes que observar la dimensión mayor del objeto (en nuestro caso 200 cm) e ir dividiéndola hasta que quepa en el papel. Si la divides entre 5, en el dibujo medirá 40 cm, que no cabe. Si la divides entre 10, en el dibujo medirá 20 cm, que sí cabe en el papel. Así, la escala será 1:10.

Responde

12. ¿Qué escala crees que se utiliza más, la de ampliación o la de reducción?

13. Indica el tipo de escala que utilizarías para representar estos objetos: un tornillo pequeño, una silla, un tubo de pegamento, una chincheta, un apartamento y una bicicleta.

Resuelve

14. ¿Cuánto mide realmente la base de la maceta de la figura superior?

15. Si quisiéramos dibujar la mesa de la figura de la página anterior a escala 1:50, ¿qué altura tendría el dibujo?

Representa

16. Dibuja la vista de alzado a escala 2:1 del borrador que aparece en la portada de esta unidad. Puedes ayudarte de la **Lámina 14** que encontrarás en la unidad 3 de *http://www.editorialteide.es/?8997*.

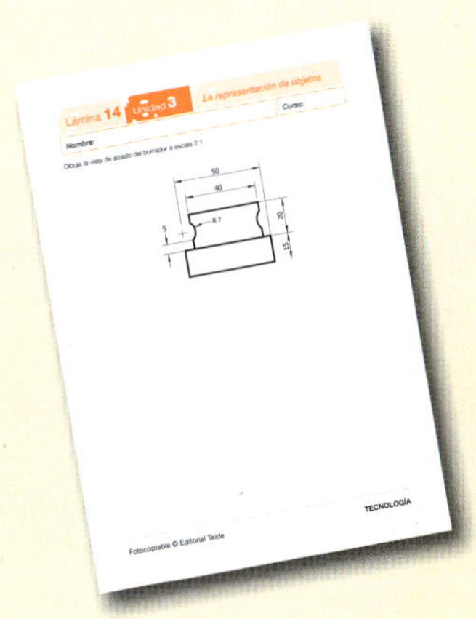

7. LibreCAD

LibreCAD es un programa libre de dibujo lineal en 2D que funciona con los distintos sistemas operativos: OS X, Windows o Linux. Lo puedes descargar en la web *http://www.librecad.org* y, aunque por defecto viene en inglés, puedes cambiar el idioma mediante el menú *Editar|Preferencias* del propio programa.

Su antecesor es el programa QCAD, y es bastante parecido a Autocad, una de las aplicaciones más extendidas de diseño en 3D para uso profesional.

Taller de informática

1. Dibujar un rectángulo DIN A4

En este taller de informática dibujaremos un rectángulo vertical con las dimensiones del formato DIN-A4, que nos servirá como plantilla para posteriores dibujos.

1. Entra en el programa LibreCAD y selecciona *Barra de herramientas "Línea"* para poder acceder a los botones de línea.
2. Pulsa ahora en el botón *Rectángulos*. Observarás que se abren automáticamente los botones para los puntos de referencia que, de momento, no utilizaremos.
3. Para indicar las dos esquinas del rectángulo, escribe las coordenadas «0, 0» en la barra de comandos y establecerás así el punto de la primera esquina. Para la segunda esquina escribe las coordenadas «210, 297» que corresponden al formato DIN A4.

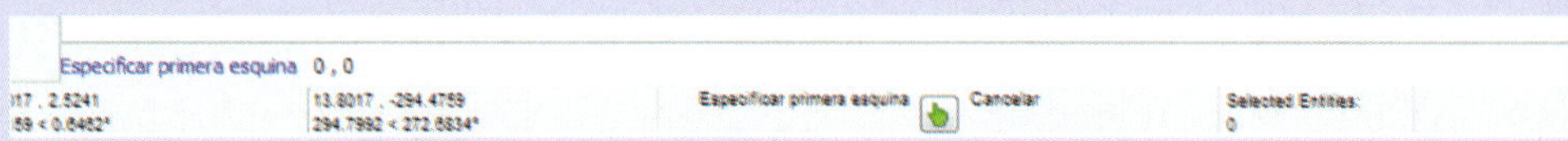

4. Probablemente el rectángulo te habrá quedado recortado. Para verlo completo pulsa el botón *Ajustar todo*.
5. Si quieres ganar espacio en la zona de trabajo, sitúate sobre el límite superior de la zona de comandos y arrástralo hasta donde desees.
6. Fíjate también en la opción, que te permitirá retroceder hasta el menú principal de las herramientas.
7. Con la opción *Vista previa de impresión* podrás ver cómo quedará impresa la página. Incluso puedes desplazar la hoja hasta ajustarse con el dibujo.
8. Guarda el archivo con el nombre **A4 Vertical**.

2. Dibujar un rectángulo DIN A4 horizontal

Repite el taller anterior, con la única diferencia de que, ahora, el DIN-A4 ha de quedar en posición apaisada. Cuando lo hayas hecho guarda el archivo con el nombre **A4 Horizontal**.

3. Líneas

1. Entra en el programa LibreCAD y recupera el archivo **A4 Vertical**. Antes que nada, grábalo con un nuevo nombre: **Flecha**.
2. Ahora dibujarás dos líneas de 10 cm mediante la herramienta *Línea vertical*. Deben empezar en las coordenadas «80, 80» y «120, 80», pero lo harás de diferente manera. En primer lugar, indicarás su longitud en la parte superior. A continuación, establecerás su punto inicial con la *Rejilla* activada (observa las coordenadas en la parte inferior izquierda).
3. Con la herramienta *Línea con dos puntos* dibuja la base de la flecha. Continúa con la rejilla activada.
4. Dibuja con la herramienta *Línea con ángulo dado*. Tanto la línea como el ángulo tendrán un valor de 60.
5. Finalmente termina de dibujar la flecha y guarda el archivo.

2 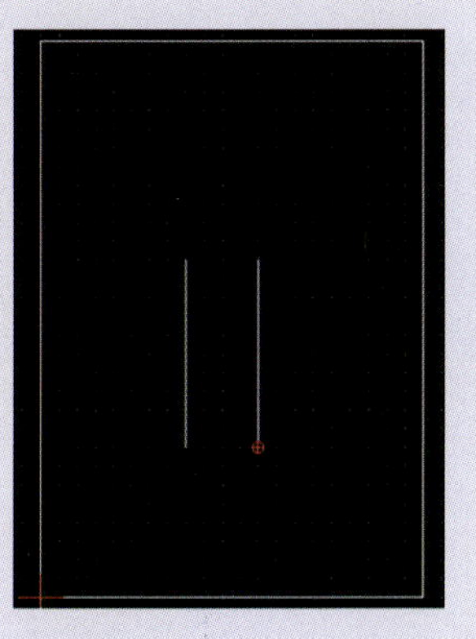

3 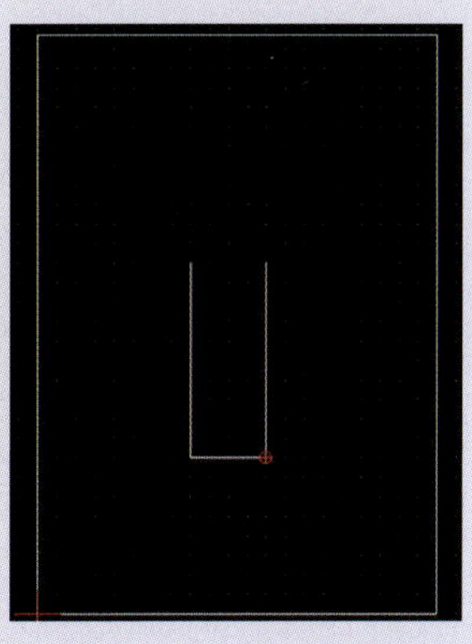

4 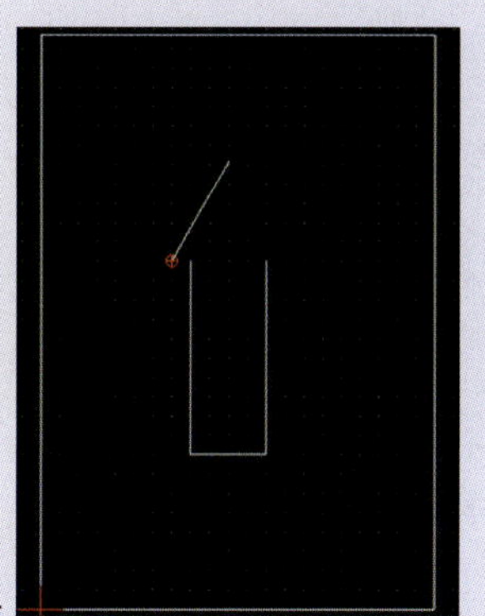

5 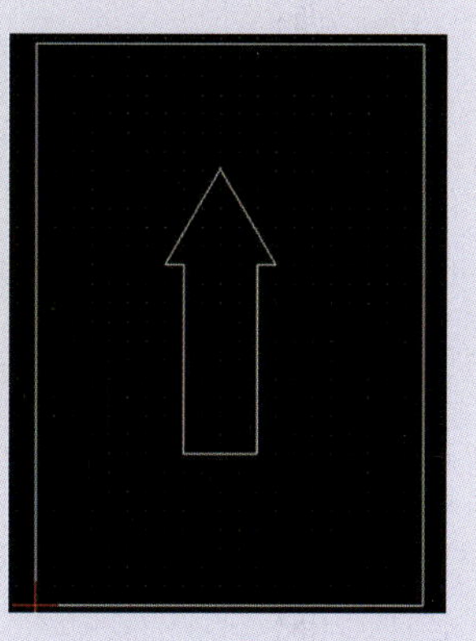

4. Dibujo de un mosaico

En este taller vamos a dibujar un mosaico para un cuarto de baño, utilizando las herramientas vistas hasta ahora y otras nuevas.

1. Entra en LibreCAD, recupera el archivo **A4 Vertical** y guárdalo con un nuevo nombre: **Mosaico**. Dibuja un rectángulo de 16 × 16 cm con origen en «30, 70».
2. Ayudándote de la rejilla dibuja todas las líneas rectas del mosaico. Utiliza la herramienta *Línea con dos puntos*.

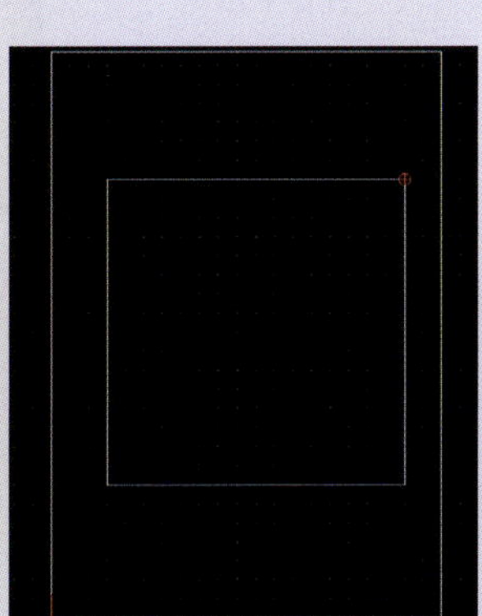

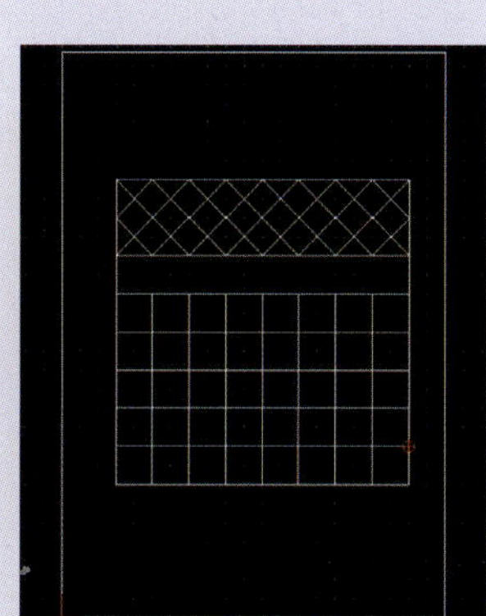

3. Mediante el menú correspondiente a los círculos, selecciona *Círculo con centro y radio*. Antes de dibujarlos, indica un radio de 10 mm. Para dibujar mejor, utiliza el zoom con la rueda del ratón.

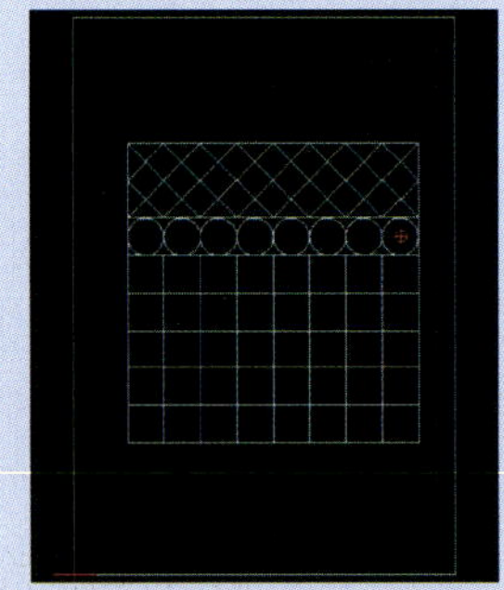

4. Mediante el menú correspondiente a los arcos, selecciona *Arcos con centro, punto y ángulos* y dibuja los arcos. Deberás indicar 4 puntos: el centro, el radio, el inicio y el final del arco. También puedes utilizar *Arcos con tres puntos*.

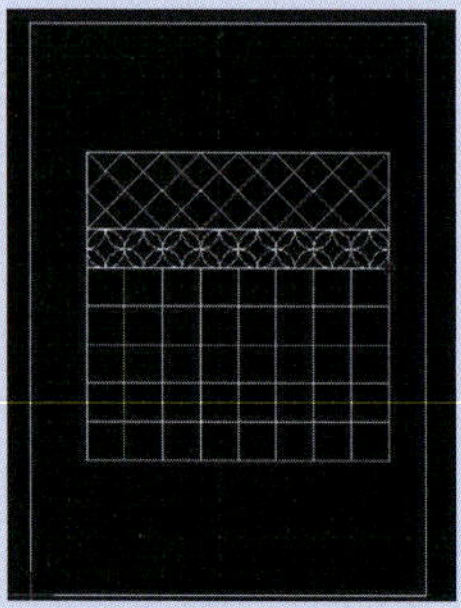

5. Dibuja el círculo interior con radio de 2 mm. Para ello, amplía el zoom y verás como automáticamente se amplía también la rejilla.

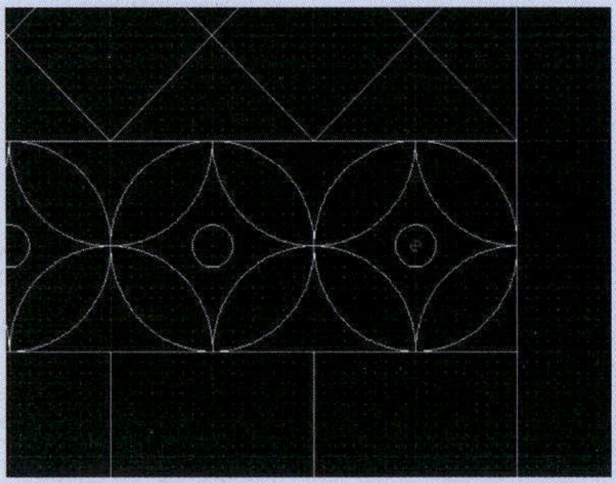

6. Introduce el texto con una altura de letra de 9 mm y alineación «abajo-izquierda» con la herramienta *Insertar texto*.

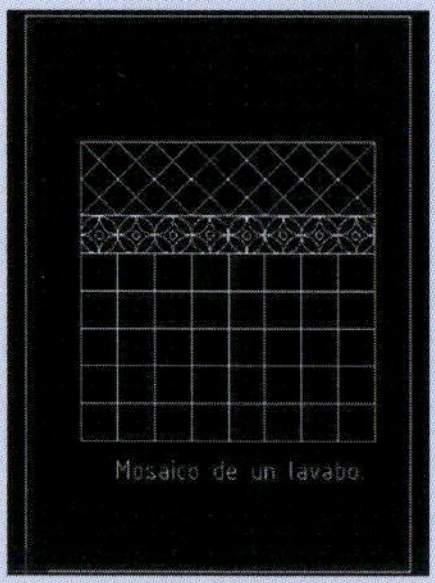

7. Observa el resultado mediante la opción del menú *Vista previa de impresión* y guarda el dibujo.

8. Si deseas dar color al mosaico, va a resultar complicado hacerlo con el programa LibreCAD. Es más sencillo guardar de nuevo el dibujo, esta vez en formato BMP (de mapa de bits), y abrirlo con otro programa más sencillo, como Gimp o Paint, que te permitirá colorearlo sin complicaciones. Para ello, utiliza la opción del menú *Archivo* | *Exportar BMP* e indica el fondo blanco.

5. Dibujo de una cenefa

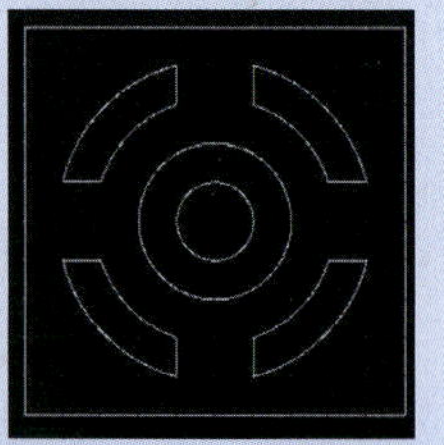

Utilizando las herramientas de LibreCAD vistas hasta ahora, dibuja la cenefa de la figura, en la que cada recuadro mide 1 cm. Si lo prefieres, puedes inventar una nueva, pero deberás utilizar la herramienta para dibujar arcos. Guarda el dibujo con el nombre de **Cenefa**.

Para simplificar el trabajo, una vez hayas dibujado uno de los recuadros puedes utilizar la opción de copiar y pegar.

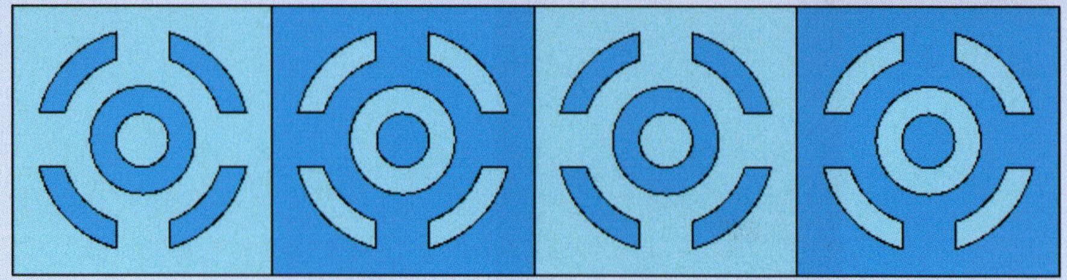

Síntesis

Elabora tu propio resumen del tema, completando con las palabras clave los espacios en blanco.

1. Existen dos formas de realizar ____________ en dibujo técnico: a mano alzada para dibujar _________ o con herramientas de dibujo para dibujar planos.
2. En la parte inferior de los planos se reserva un espacio para el __________ donde figuran __________ del dibujo y del dibujante como la escala, el nombre y número de plano, etc.
3. Acotar consiste en indicar las ____________ de los objetos siguiendo unas normas determinadas. Los cuatro elementos que se utilizan para acotar son: las líneas de cota, las líneas ____________ de cota, las cifras y los símbolos.
4. Existen dos tipos de representación de objetos, las ____________ y las perspectivas. En las primeras, se suelen ver dos ____________ y en las segundas, tres dimensiones.
5. Las tres vistas más importantes se llaman ________, planta y perfil que se proyectan sobre los planos de ___________.
6. Cuando se representan las tres vistas de un objeto, la vista de planta se representa ____________ de la de alzado y la vista de ____________ a la derecha de la de alzado.
7. Las ____________ pueden ser isométricas, caballeras o cónicas. Las últimas son las más ___________ ya que dan sensación de alejamiento.
8. Cuando un objeto se representa más ___________ o más grande que la realidad, se han utilizado las escalas. Las hay de ____________ y de reducción, que son las más utilizadas.

Palabras clave

perfil, vistas, medidas, ampliación, croquis, pequeño, cajetín, alzado, perspectivas, representaciones, datos, auxiliares, proyección, dimensiones, reales, debajo

Recursos en red

Busca en Internet información sobre el programa QCad y responde las siguientes preguntas:

1. ¿De qué tipo de programa se trata?
2. ¿Qué empresa desarrolla ese programa?
3. ¿En qué sistemas operativos puede funcionar?
4. ¿A qué otro programa de dibujo técnico se asemeja?
5. ¿Se trata de un programa gratuito?
6. ¿Cuál es la dirección oficial de su sitio web?

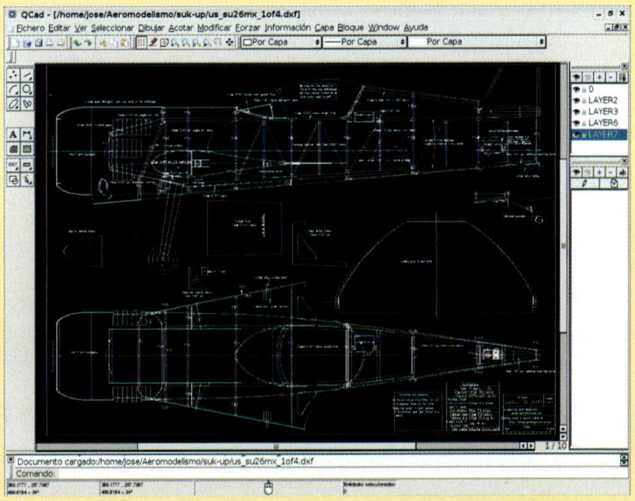

Competencias básicas

Los dibujos de Leonardo da Vinci

Leonardo da Vinci fue uno de los artistas más importantes del Renacimiento. Ejerció numerosas disciplinas: arquitecto, escultor, pintor, músico, científico e ingeniero. Destacó en todas ellas, pero todavía sorprenden hoy en día sus trabajos de ingeniería, cuyos dibujos están representados con increíble claridad y minuciosidad.

De hecho, Leonardo da Vinci es uno de los antecedentes más claros de la representación de objetos mediante dibujos. A continuación, se pueden ver cuatro ejemplos de representaciones realizadas por este genio avanzado a su época.

1. Por increíble que pueda parecer, el primer «automóvil» fue inventado por Leonardo da Vinci en el año 1495. De hecho, el director del Instituto y Museo de Historia de la Ciencia en Florencia, Paolo Galluzi, afirma lo siguiente: «Fue (o es) el primer vehículo autopropulsado de la historia».
2. Una ballesta gigantesca que retrocede por medio de un cigüeñal y unos cabrestantes que poseen dos mecanismos de disparo. La manera más fácil de disparar es soltar el percutor golpeando con un mazo.
3. Un diseño para una máquina voladora en que un piloto tumbado hace girar la polea accionando con fuerza unos pedales.
4. Durante su larga estancia en Milán, Leonardo (arriba, en un autorretrato) realizó también dibujos arquitectónicos y modelos para la cúpula de la catedral de la ciudad.

C

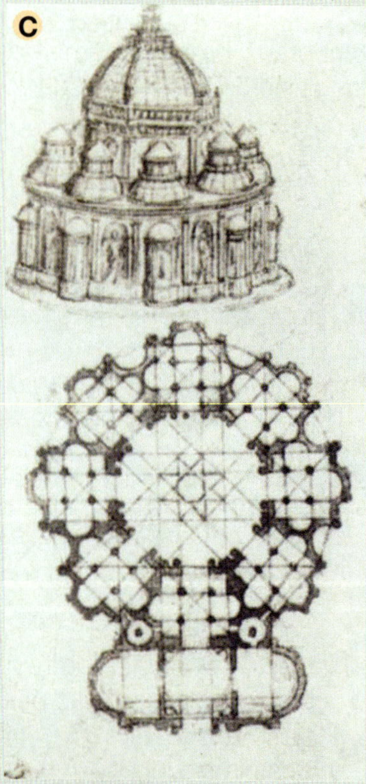

D

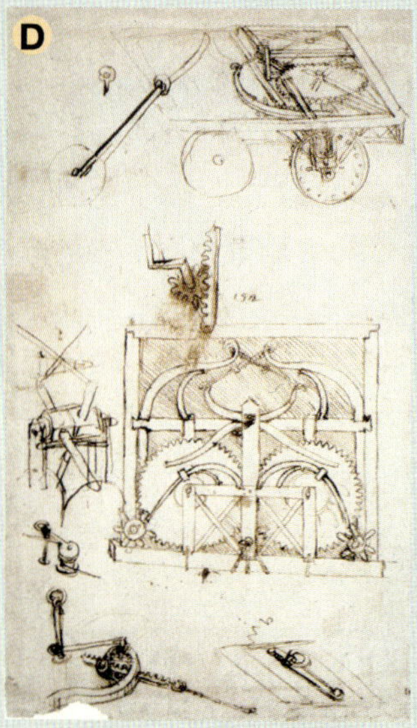

A

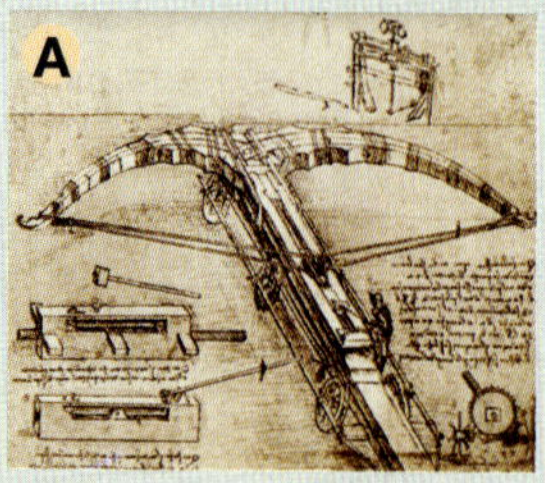

B

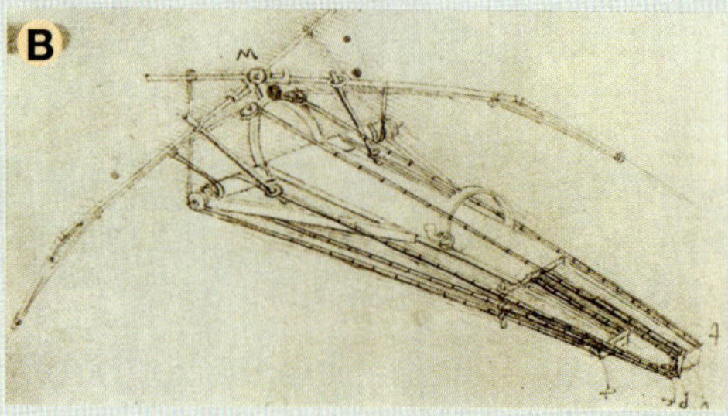

Tareas

1. Relaciona los bocetos de Leonardo da Vinci con las explicaciones que se dan de ellos.
2. ¿Qué tipo de representación utilizaba Leonardo da Vinci, vistas o perspectivas?
3. ¿A qué tipo de perspectiva corresponde el boceto de la ballesta?
4. ¿A qué tipo de vistas corresponderían los bocetos de la cúpula y el automóvil?

Diseño de una silla

Queremos diseñar y construir una silla de madera maciza. Para ello disponemos de un listón de madera de 5 × 5 cm y 2,5 m de longitud y un tablero de 40 × 60 cm y de 3 cm de grosor. La silla debe caber en una caja de 40 × 40 × 80 cm.

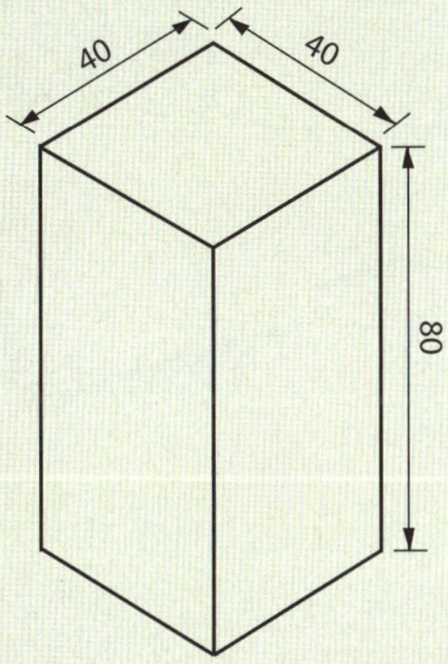

Caja de la silla.

Tareas

1. Dibuja un croquis en perspectiva, bien proporcionado y acotado en centímetros, de la madera de que dispones para la silla.
2. Dibuja el croquis de la silla en tu cuaderno indicando las medidas y teniendo en cuenta que se ha utilizado toda la madera.
3. Demuestra mediante cálculos que se tiene suficiente material para construir la silla que se ha diseñado.
4. Dibuja las vistas de la silla con las medidas más detalladas. Si lo deseas, la puedes dibujar con un programa de dibujo técnico.
5. Si el precio del listón es de 3 €/m y el del tablero es de 20 €/m^2, ¿cuánto costará la silla?

Actividades finales

1. Observa las figuras de la mesa y de la silla. Dibuja sus vistas sabiendo que cada cubo mide 5 mm de lado. Puedes ayudarte de las **Láminas 15** y **16** que encontrarás en la unidad 3 en la carpeta **Láminas** en *http://www.editorialteide.es/?8813.*

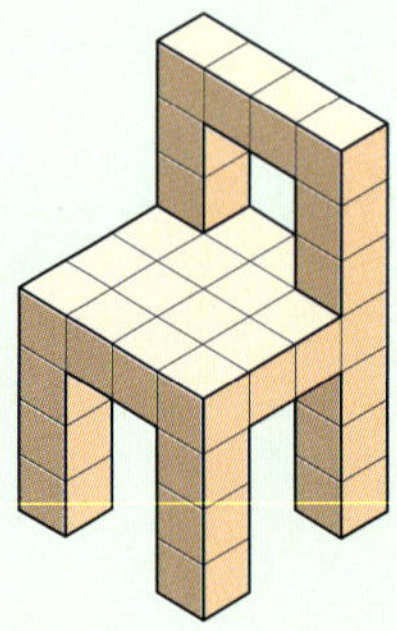

2. Observa la pieza de la perspectiva e indica en sus vistas las caras que señalan.

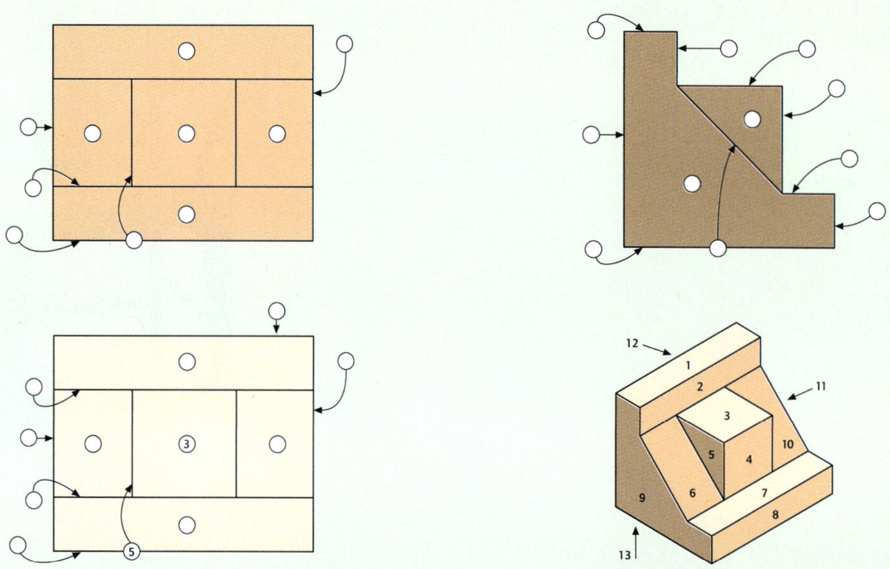

3. Sabiendo que cada cubo de la pieza de la figura mide 1 cm de lado, dibuja las vistas de planta, de alzado y de perfil a escala 1:2 y acótalas. Puedes ayudarte de la **Lámina 17** que encontrarás en la unidad 3 en *http://www.editorialteide.es/?8997*.

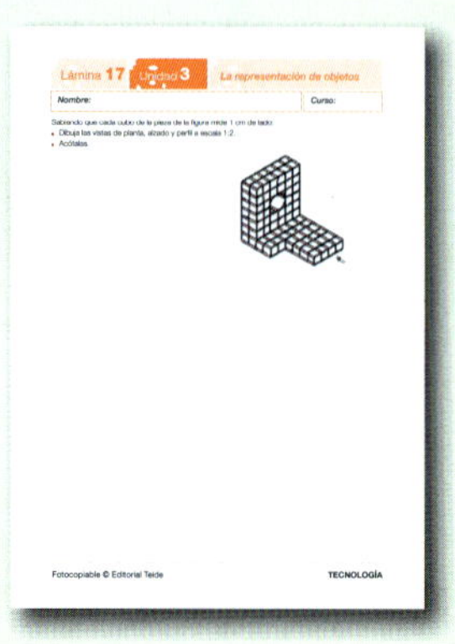

4. Taller de informática. Pintar dibujos con Paint.

Aplica lo que has aprendido con LibreCAD y representa el reloj de la ilustración según las medidas indicadas en el dibujo. Utiliza capas para los distintos elementos del objeto y, para finalizar, coloréalo con el programa Paint.

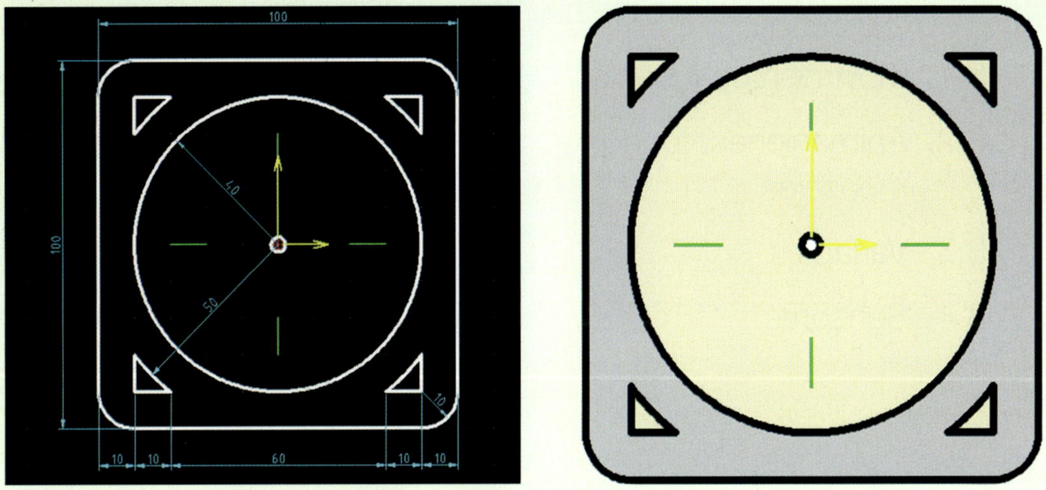

5. Taller de informática. Nuevas herramientas.

Dibuja los platos y la cadena de la bicicleta. Para ello, deberás usar nuevas herramientas y completar los siguientes pasos:

1. Dibuja las dos circunferencias.
2. Dibuja los radios del plato y del piñón. Las líneas diagonales sobrepasarán la circunferencia. Puedes recortar lo que sobra utilizando la herramienta *Recortar* | *Alargar*. Experimenta con ella.
3. Para dibujar las líneas tangentes a los círculos debes emplear la herramienta *Tangente a dos círculos*.

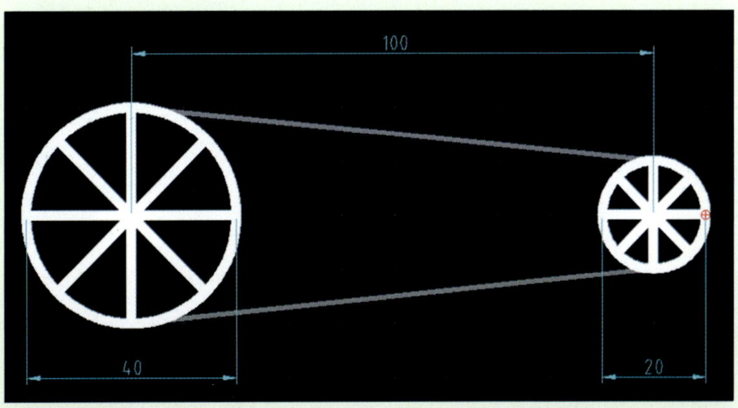

NUEVAS TECNOLOGÍAS

1 Scratch 1

Scratch es un proyecto de Lifelong Kindergarten Group, del Laboratorio de Medios del Instituto Tecnológico de Massachusetts (MIT) (*www.scratch.mit.edu*). Es un proyecto de software libre creado por Mitchel Resnick en 2007.

El nombre del programa proviene de la palabra *scratching*, una técnica que utilizan los DJ para reproducir sonidos mediante el movimiento de discos de vinilo hacia adelante y hacia atrás.

Con este programa se pueden crear historias, juegos y animaciones. Millones de usuarios comparten sus proyectos en la comunidad de Scratch , que crece día a día.

Bajo el lema «Imagina, crea y comparte», Scratch se ha convertido en una herramienta muy utilizada por estudiantes y profesores de todo el mundo.

1. Programación con Scratch

Cuando haces un dibujo en Photoshop, realizas una presentación en Prezi, escribes un texto en Writer o usas una aplicación en tu móvil estás utilizando diferentes programas. Es decir, Photoshop, Prezi, Write y las aplicaciones que utilizan los *smartphones* son programas informáticos.

En informática, un **programa** es un conjunto de instrucciones que, al ser ejecutadas en un ordenador, realizan una o varias tareas.

Hasta hace poco, crear programas requería el conocimiento de lenguajes de programación complejos. Un ejemplo de ellos se puede observar en la figura de abajo, donde aparece un programa realizado en C.

```
#include <stdio.h>

int main ()
{
    printf ("Hola, Mundo\n");
    return 0;
}
```

El código fuente de un programa escrito en el lenguaje de programación C

Scratch no utiliza comandos escritos, es un entorno de programación gráfico que permite trabajar de una manera sencilla mediante objetos. Como se puede observar en la figura, este programa se basa en una serie de piezas o bloques que representan órdenes, sonidos, movimientos, etc., y que hay que ir encajando para que se ejecute la tarea deseada.

Las posibilidades que nos ofrece Scratch son muy diversas, con un poco de imaginación se pueden crear multitud de proyectos como:

- Realizar animaciones de objetos.
- Hacer juegos interactivos.
- Controlar motores, leds, etc., mediante el ordenador.
- Crear calculadoras personalizadas.
- Contar historias interactivas.
- Etcétera.

Taller de informática

1. Sitio web de Scratch

Accede a la dirección *http://www.scratch.mit.edu*. Aquí tendrás acceso a la versión 2.0 del programa desde la barra superior, en *Crea*. Entra en el programa y vuelve a la página de inicio.

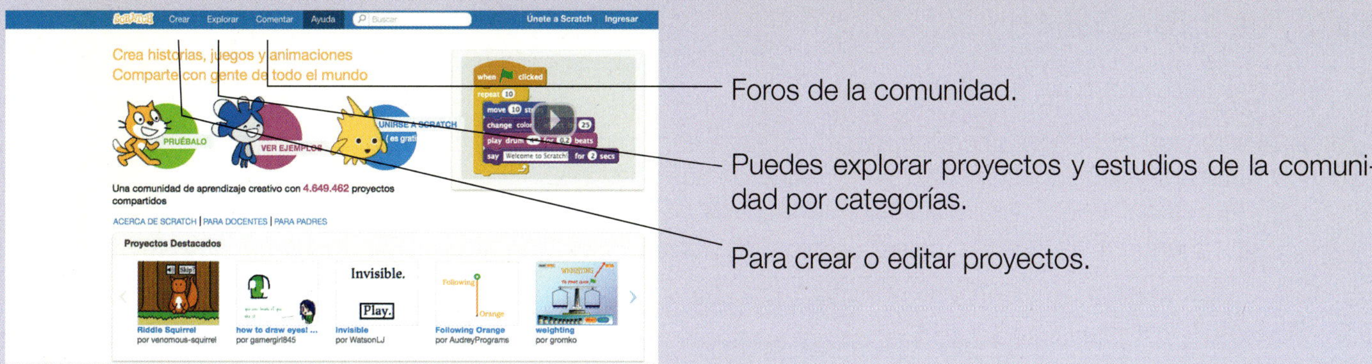

Puedes crear tus proyectos sin necesidad de unirte a la comunidad, aunque también puedes registrarte. Si lo haces, podrás compartir tus creaciones con otros *scratchers*. Si decides registrarte debes seguir los siguientes pasos:

1. Haz clic en *Únete a Scratch* o en el icono .
2. Rellena el formulario que se pide. Como podrás observar, esta acción se realiza en tres pasos, en el primero de ellos se recomienda no registrarse con el nombre real.

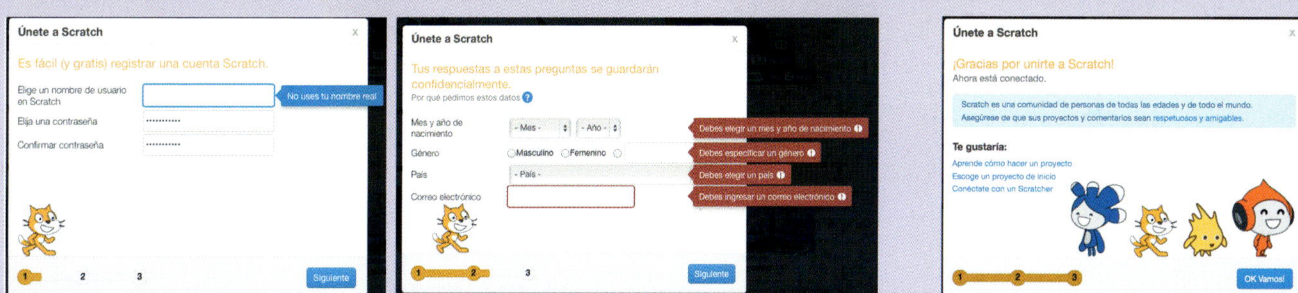

3. En la tercera pantalla haz clic en el botón OK Vamos!. Ahora ya te habrás registrado y verás tu nombre de usuario en la parte superior derecha de la pantalla.

También, desde la misma web, puedes instalar la versión anterior, la 1.4, seleccionando *Ayuda* | *Recursos* | *Descargar Scratch 1.4*. A continuación, debes indicar el sistema operativo de tu ordenador: Mac OS X, Windows o Linux (Ubuntu). Una vez seleccionado el sistema operativo, se descargará un archivo que habrás de ejecutar siguiendo las instrucciones del programa.

Hay que tener en cuenta que los proyectos creados en la versión 1.4 se podrán utilizar en la 2.0 pero no a la inversa, por lo que se recomienda trabajar en la versión más actualizada.

2. Entorno de trabajo

La versión 2.0 de Scratch permite trabajar con el programa *online*, lo que quiere decir que deberás disponer de conexión a Internet para utilizarlo.

Taller de informática

2. Entorno de trabajo de Scratch

Accede al sitio web *http://www.scratch.mit.edu* y entra en el programa. Se presentará una pantalla como la de la figura con las zonas señaladas. Visualízalas y recuerda sus nombres.

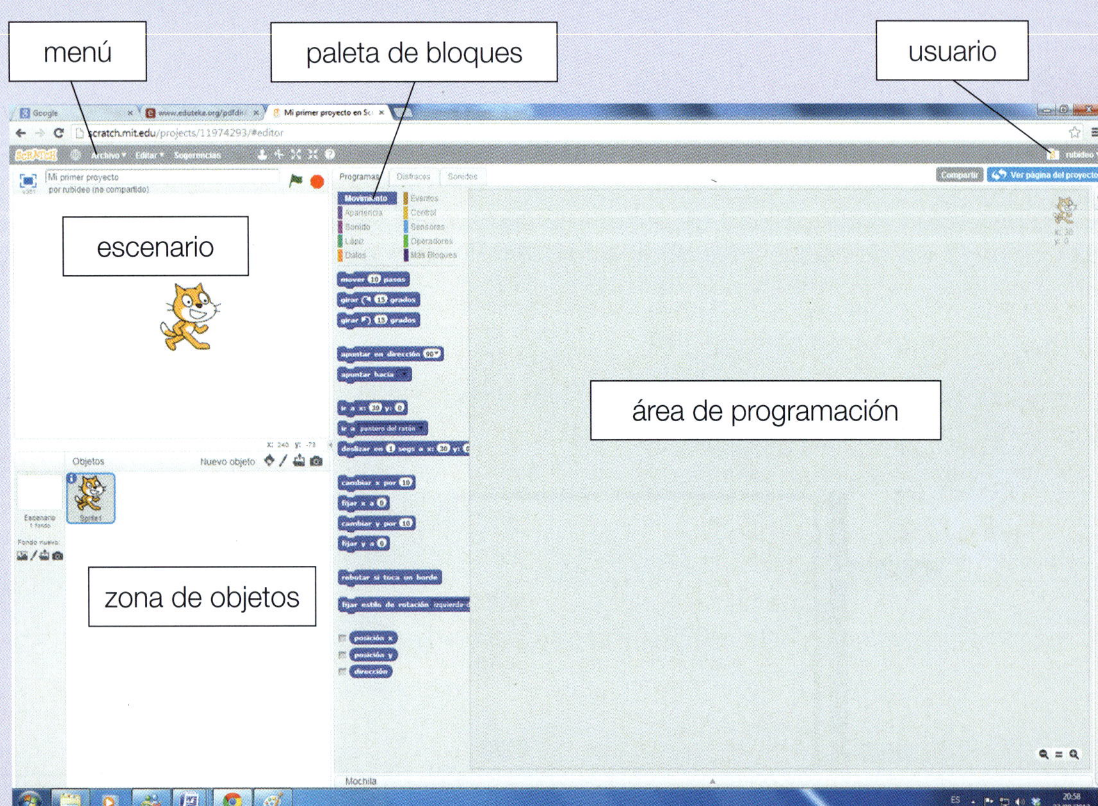

Observa que en el escenario aparece por defecto un objeto (*Sprite*): el gato de Scratch.

Lleva el cursor a la paleta de bloques y haz clic en las diferentes opciones: *Apariencia, Sonido, Lápiz*, etc. Observa que los bloques que aparecen en la parte inferior van cambiando, adoptando los diferentes colores de cada opción.

Haz clic en la opción *Movimiento* y arrastra el bloque 

al área de programación.

Si haces clic sobre el bloque, verás que el gato de Scratch se desplaza en sentido horizontal 10 pasos. Has creado un sencillo programa en el que habrás dotado de movimiento el objeto del escenario.

En el recuadro de la parte superior izquierda, sobrescribe el nombre del proyecto, en este caso **Proyecto 01**

Aunque periódicamente se va guardando, en la página de Scratch, el trabajo realizado en la nube, es conveniente que guardes tu documento antes de salir del programa, para ello debes hacer clic en *Archivo* | *Guardar ahora*.

3. Manejo básico del programa

Como se ha dicho anteriormente, la versión 2.0 de Scratch permite trabajar con el programa *online*, lo que requiere conexión a Internet.

Taller de informática

3. Mover un objeto

Problema: En este proyecto se trata de dotar de movimiento a un objeto en el escenario, en este caso un helicóptero. El movimiento consistirá en un avance horizontal de 10 pasos cada vez que ejecutemos el programa.

1. Accede al sitio web *http://www.scratch.mit.edu* y recupera el **Proyecto 01** del taller anterior. Recuerda que debes entrar como usuario. Para recuperar el proyecto ve al menú *Archivo* | *Mis cosas* y haz clic en el botón *Ver dentro*. Observa que te lleva dentro del programa y recupera el proyecto que tenías guardado.

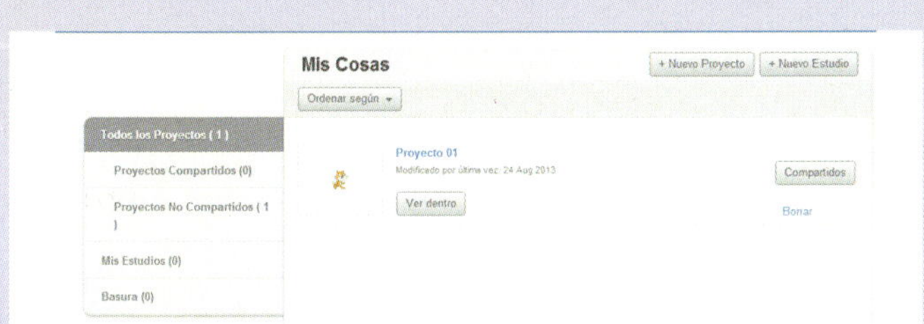

2. Elimina el gato situado en el escenario. Debes hacer clic con el botón derecho y seleccionar *Borrar*.
3. Ahora, en la parte superior de la ventana de objetos, debes seleccionar un nuevo objeto.

   En la *Biblioteca de objetos*, abre la categoría *Transportes* y selecciona con un doble clic el *Helicóptero*.

   Observa la parte superior del área de programación y verás las coordenadas donde se ha situado el nuevo objeto.

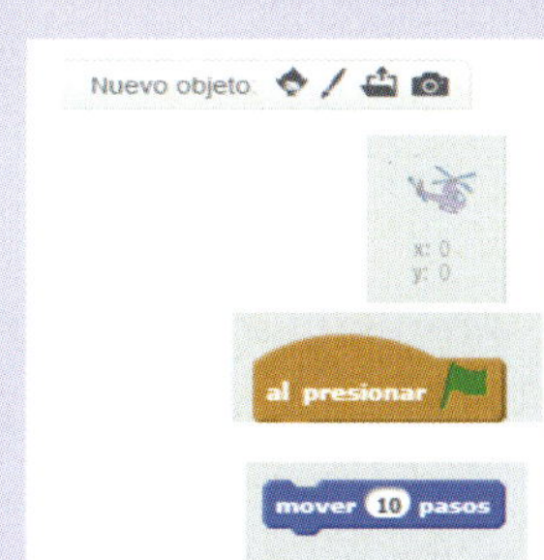

4. En la paleta de bloques, selecciona el módulo *Eventos* y arrastra al área de programación el bloque *al presionar (bandera)*.
5. Selecciona ahora el módulo *Movimiento* y arrastra el bloque *mover 10 pasos* colocándolo debajo del anterior de forma que encaje.
6. Finalmente, para terminar el programa, arrastra la pieza *detener* del módulo *Control*. Como verás, esta pieza dispone de un menú desplegable en el que se ha dejado la opción que viene definida por defecto, *todos*. El programa quedará tal como refleja la figura de la derecha.

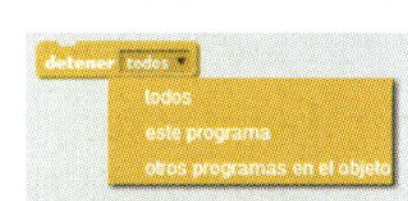

7. Para activar el programa, debes hacer clic directamente sobre los bloques o sobre la bandera que se encuentra en la parte superior derecha del escenario.
8. Haz clic en el botón de modo de presentación , para ver el helicóptero en pantalla completa.
9. Antes de salir guarda el proyecto.

Ampliación. En esta actividad se trata de que programes un movimiento horizontal del helicóptero de 50 pasos.

1. Movimientos y bucles

Si queremos algún tipo de acción en el escenario es necesario que los objetos se muevan. En los siguientes talleres practicaremos varias maneras de realizar **movimientos**. Cuando estos deban repetirse un determinado número de veces, o hayan de estar sujetos a alguna condición, utilizaremos los **bucles**.

Taller de informática

4. Helicóptero

Problema: Se trata de conseguir que el helicóptero se desplace horizontalmente hasta que presionemos la barra espaciadora.

1. Recupera el **Proyecto 01** del taller anterior. Vas a hacer que el helicóptero avance hasta presionar la barra espaciadora.

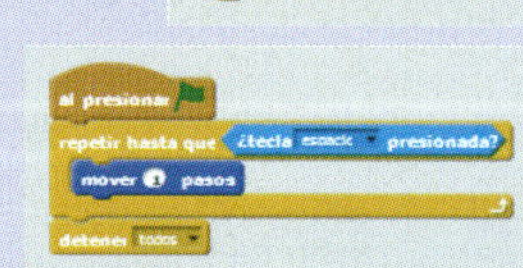

2. Separa, arrastrándolas, las piezas colocadas en el taller anterior y sitúa debajo de la primera un nuevo bloque: *repetir hasta que...*, que encontrarás en el módulo *Control*. Esta pieza repite las acciones programadas en su interior hasta que se cumpla la condición indicada.

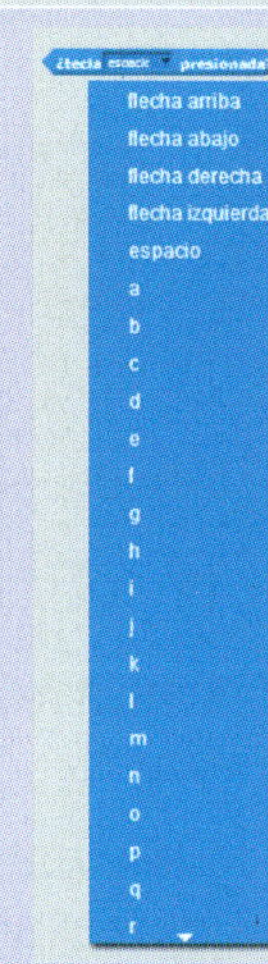

3. Dentro de este bloque encaja la pieza *mover* e indica 1 paso.
4. Para detener el bloque, la condición será presionar la barra espaciadora. Para ello selecciona *¿tecla ... presionada?* del grupo *Sensores*. Despliega las condiciones y selecciona *espacio*.
5. Arrastra ahora la pieza a su lugar correspondiente, dentro del bloque *repetir hasta que*...
6. Antes de ejecutar el programa, haz clic sobre el helicóptero y arrástralo hasta la parte izquierda del escenario.
7. Ejecuta el programa. Recuerda que, para ver mejor los objetos, puedes hacer *zoom* en el escenario y ver en pantalla completa el desarrollo del programa.

Ampliación

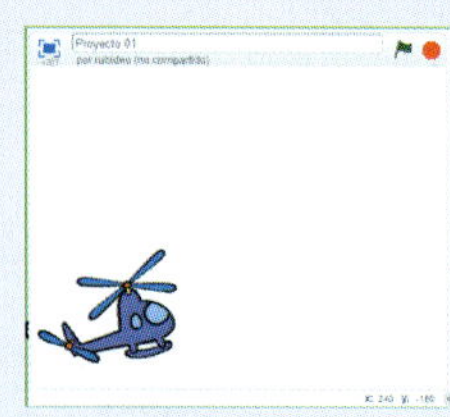

1. En primer lugar, haz que el helicóptero se desplace a más velocidad manteniendo el control de la barra espaciadora para detenerlo.
2. Haz que el helicóptero suba con una cierta inclinación. Para conseguirlo, puedes utilizar el bloque:

   Observa que el programa tiene un defecto, y es que cada vez que lo activas el helicóptero gira 15°.
3. Intenta subsanar ese problema incluyendo en la programación los siguientes bloques con objeto de posicionarlo:

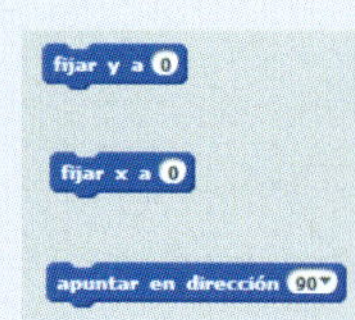

4. Por último, incluye en el programa la simulación del sonido de un helicóptero. Para ajustarte a la simulación, puedes cambiar los dos parámetros del bloque: el tipo de sonido y la frecuencia. Guárdalo como **Proyecto 01 ampliación**.

Taller de informática

5. La pelota rebota

Problema: Se trata de dotar de movimiento continuo y aleatorio a un objeto en el escenario, en este caso una pelota. El movimiento consistirá en hacer rebotar una pelota en los bordes del escenario, de manera que se produzca un movimiento aleatorio. Iniciaremos el programa con la tecla ***a*** y lo detendremos con la tecla ***d***.

1. Accede al sitio web *http://www.scratch.mit.edu*. Recuerda entrar como usuario.
2. En la carpeta *Mis cosas*, abre un proyecto nuevo, **Proyecto 02**. En la pantalla siguiente tienes opción de compartirlo o no. Para acceder a la pantalla del programa, haz clic en *Ver dentro* o espera un momento. Si, por el contrario, quieres dar algunas instrucciones al programa o escribir algunas notas ahora es el momento.

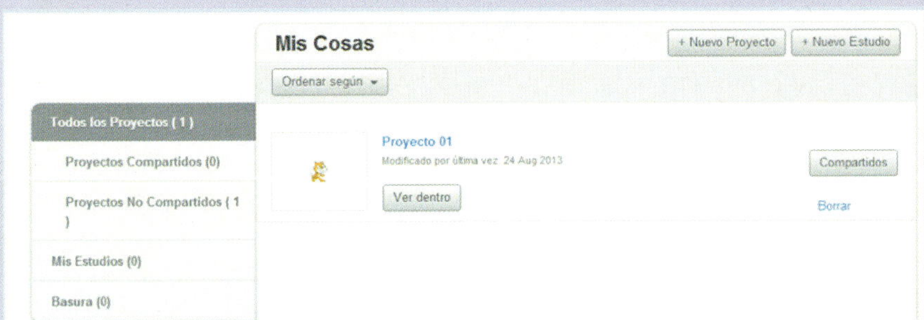

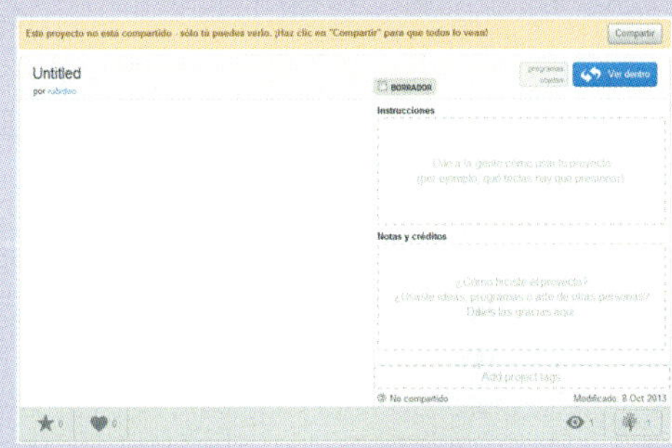

3. Como en talleres anteriores, borra el gato de Scratch del escenario y selecciona un nuevo objeto, en este caso una pelota (*Beachball*), que se encuentra en la carpeta *Cosas*.

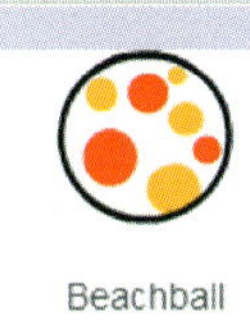

4. En la paleta de bloques, selecciona el módulo *Eventos* y arrastra al área de programación el bloque *al presionar tecla...* Despliega las condiciones y selecciona la letra ***a***.

5. Vas a hacer que la pelota comience el movimiento con una dirección de 60º.

6. Para que la pelota rebote, selecciona el bloque *rebotar si toca un borde.* Ha de ir precedido de un bloque que le dé movimiento, en este caso se ha hecho con el bloque *mover* y un valor de 10.

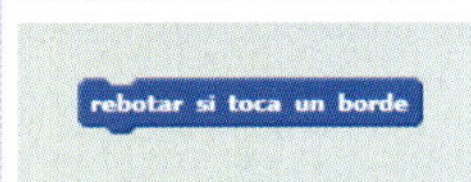

7. Como se trata de un movimiento continuo, estos dos últimos bloques los introducirás dentro del bloque *repetir hasta que...* Incrusta dentro de este bloque el operador *tecla **f** presionada.* El programa quedará tal como refleja la figura de la derecha.

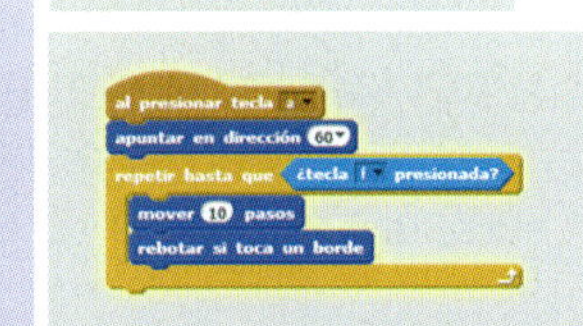

8. Comprueba su funcionamiento iniciando el programa con la letra ***a*** y detenlo con la letra ***f***.
9. *Guarda* el proyecto antes de *Salir*.

Ampliación. A partir del programa anterior, se trata de conseguir lo siguiente:

1. Que al rebotar la pelota suene una nota. Para ello, se pueden utilizar los bloques de la figura de la derecha:

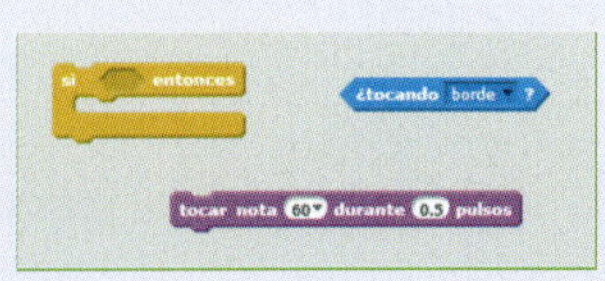

2. Al detener el programa, la pelota debe posicionarse en las coordenadas $x = 0$, $y = 0$. Se utilizarán los mismos bloques que en el proyecto del helicóptero. Guárdalo como **Proyecto 02 ampliación**.

2. Animaciones, fondos y mensajes

Las **animaciones** de los personajes de Scratch se hacen cambiando los disfraces de los diferentes objetos que se utilizan, por lo cual, para dotarlos de vida, hay que dibujarlos varias veces, de forma similar a la técnica utilizada en los dibujos animados. Todas las secuencias se llevan a cabo en el escenario de Scratch, que podemos manipular a nuestro gusto cambiando el **fondo** para adaptarlo al proyecto que realizamos.

Taller de informática

6. Murciélago que persigue al coche en la Gran Manzana

Problema: Se trata de conseguir que el murciélago avance volando por el escenario hasta llegar al final, donde dará la vuelta y volverá a su posición inicial.

1. Accede al sitio web *http://www.scratch.mit.edu*. Recuerda entrar como usuario.
2. En la carpeta *Mis cosas* abre un proyecto nuevo, **Proyecto 03**.
3. Borra el gato de Scratch y, en la zona de objetos, selecciona *Elegir un objeto desde la biblioteca*. En la categoría *Animales* selecciona *Bat1* haciendo doble clic sobre él. Te aparecerá el murciélago seleccionado en la zona de objetos.
4. Selecciona la pestaña *Disfraces* que está ubicada al lado de *Programas*, en la zona superior de la *Paleta de bloques*. Verás que el objeto seleccionado dispone de dos disfraces.
5. Haz clic alternativamente sobre los dos disfraces lo más rápido posible. Observa que el murciélago aletea simulando que vuela.
6. Para hacer la animación, implementa el programa de la derecha en el que, como verás, se utilizan los bloques *muestra* y *siguiente disfraz* para alternar entre ellos. A la vez, inserta una *espera* de 0,1 segundos. Prueba el programa. Seguramente observarás que el aleteo es muy breve.

7. Para ampliar el movimiento, copia ahora el siguiente programa. Se ha utilizado el bucle *repetir* con un valor de 35. De esta manera, se repetirá 35 veces lo que en el programa anterior se hizo en 6 veces.

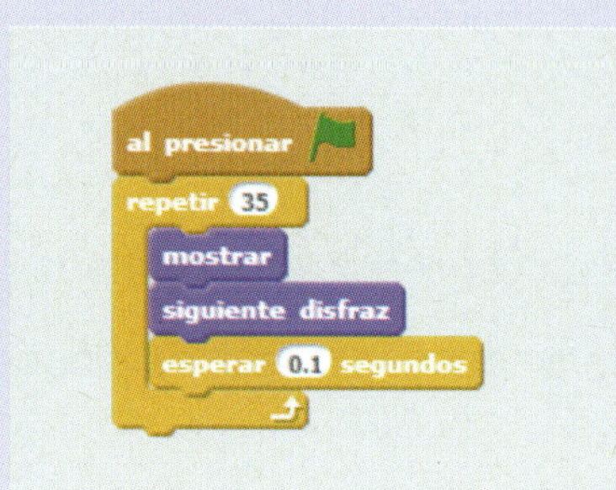

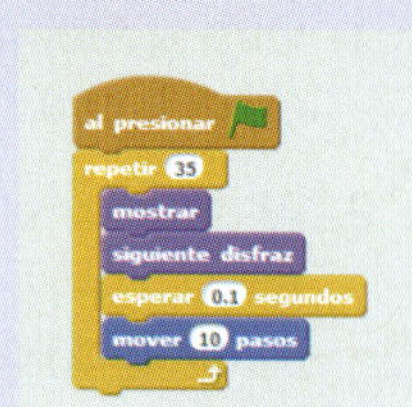

8. Ahora ocurre que el murciélago aletea pero no se mueve. Para hacerlo avanzar, inserta el bloque *mover 10 pasos*. Seguidamente, arrastra el murciélago a la parte izquierda del escenario y presiona la bandera verde. Ya has conseguido que el murciélago se desplace volando.

9. Ahora, desplaza el cursor a la izquierda de la zona de objetos, y haz clic en *Elegir un fondo desde la biblioteca.* Selecciona, en *Temas* | *Ciudad*, el escenario *night city with street.* Verás que tu selección queda incrustada como nuevo escenario.

10. Inserta un nuevo objeto, en este caso *Convertible3*, y redimensiona los dos objetos para que queden proporcionados. Para ello, utiliza la herramienta *Crecer,* situada en la barra de menús aplicada sobre los dos objetos con clics sucesivos.

11. Implementa el siguiente programa para el coche y pruébalo. Ahora, como verás, ocurre que los dos programas creados, la animación del murciélago y el programa del coche, funcionan independientemente y no a la vez. Para corregir este problema recurriremos a los **mensajes**.

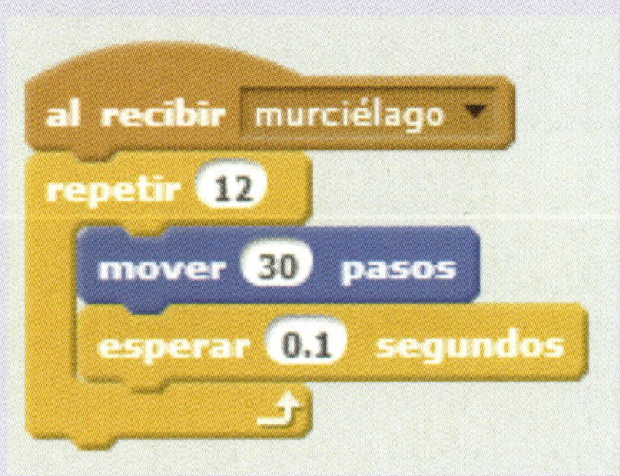

12. Quita los dos bloques que inician los programas del coche y del murciélago y sustitúyelos por el bloque *al recibir* ***message1*** en cada uno de ellos. Para alternar entre los programas debes seleccionar primero los objetos.

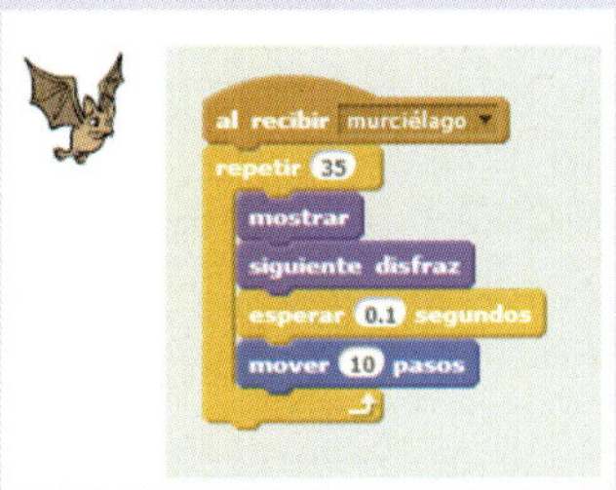

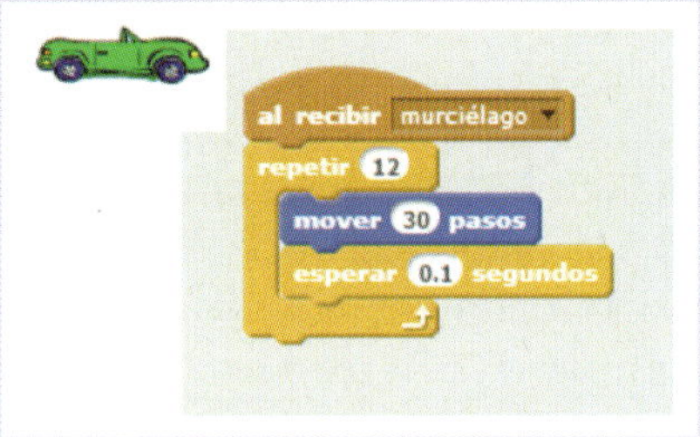

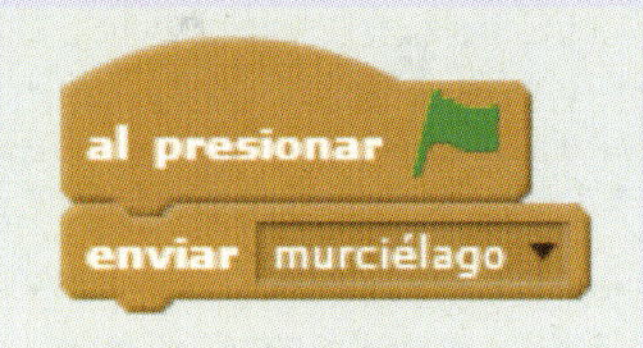

13. Por último, coloca el bloque *enviar* ***message1*** junto al bloque *al presionar* (*bandera verde*). Observa que se ha sustituido el mensaje por uno nuevo, **murciélago**. Coloca los dos objetos en la parte izquierda del escenario y presiona la bandera verde. Verás que el murciélago persigue al coche.

Ampliación

En primer lugar haz que, en su persecución, murciélago y coche cambien de sentido cuando lleguen al final del escenario. Para ello, tendrás que utilizar los bloques:

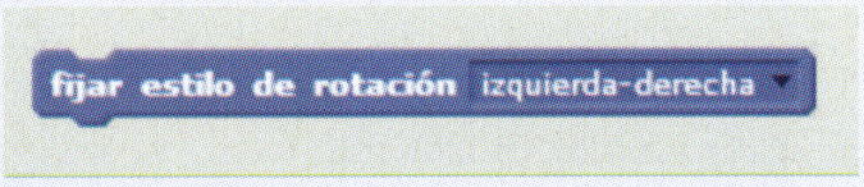

Por último, haz que los dos objetos queden orientados como al inicio cuando acabe el programa. Guárdalo como **Proyecto 03 ampliación**.

3. Variables

En programación, una variable es un sitio para almacenar valores, de la misma forma que x e y son variables en matemáticas. Scratch puede trabajar con variables que el usuario puede definir a voluntad.

Taller de informática

7. Gussy cuenta hasta 10

Problema: En este proyecto vamos a crear un programa que hará que un objeto, en este caso un perro, cuente hasta 10.

1. Accede al sitio web *http://www.scratch.mit.edu*. Recuerda entrar como usuario.

   En la carpeta *Mis cosas*, abre un proyecto nuevo, **Proyecto 04**.

2. Borra el gato de Scratch y selecciona el objeto *Dog2.*

3. Para hacer que los objetos se comuniquen mediante texto, se utiliza el bloque *decir*, que se encuentra en *Apariencia*, en la paleta de bloques*.* Copia el programa de la derecha y comprueba su funcionamiento.

   Ahora que Gussy ya sabe hablar, vamos a proceder para que cuente.

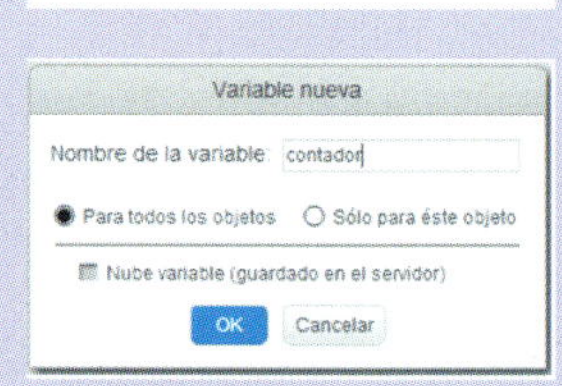

4. Selecciona *Datos* en la paleta de bloques y haz clic en *Crear una variable.* Se abrirá una ventana como la de la figura, en la que nombrarás la variable como *contador*. Después haz clic en *OK* y la variable quedará establecida.

5. Verás que aparecen los bloques de la variable y un contador en la parte superior izquierda del escenario.

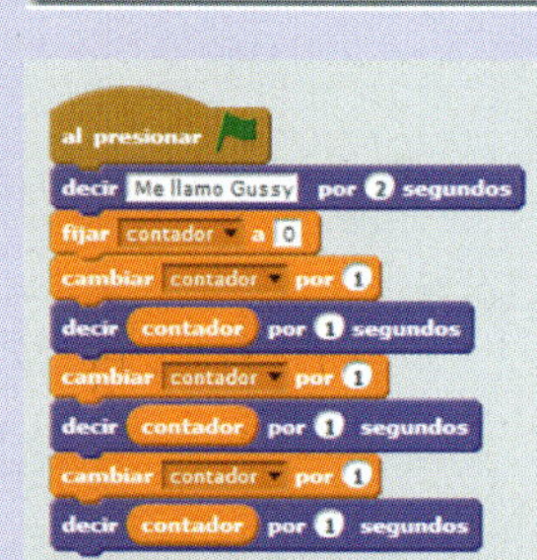

6. Implementa ahora el programa de la figura y comprueba cómo funciona. Observa que Gussy cuenta hasta 3. Le hemos dado a la variable el valor inicial 0 en el bloque *fijar* y, al bloque *cambiar*, el valor 1. De este modo, cada vez que, en su ejecución, el programa pasa por *cambiar*, suma 1 al valor acumulado en la variable.

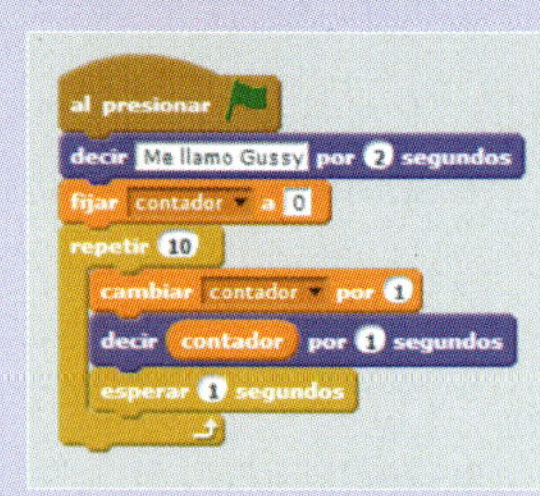

7. Para que Gussy cuente hasta diez, debes utilizar un bucle que repita diez veces la operación de cambiar la variable y decir el número, tal como muestra el programa de la figura.

Ampliación

Se trata de crear un programa que disponga de un contador y en el que un pez (*Fish3*) que quiere salir de su pecera sume 1 cada vez que toque el borde.

También puedes hacer que, cada vez que toque el borde, el pez cambie de color. Guárdalo como **Proyecto 04 ampliación**.

Taller de informática

8. Mi primera calculadora con Scratch

Problema: Se trata de crear un programa que sume dos números (variables) que previamente nos pregunte Scratch.

1. Accede al sitio web *http://www.scratch.mit.edu*. Recuerda entrar como usuario.

   En la carpeta *Mis cosas*, abre un proyecto nuevo, **Proyecto 05** .
2. Elimina el gato, como en anteriores ocasiones. En este caso, no te hará falta ningún objeto ya que programarás directamente en el escenario.
3. En primer lugar, crearás tres variables, tal como has hecho anteriormente. Las variables serán *A, B* y *Resultado*.
4. Observa que, si deseleccionas las variables, desaparecen del escenario los marcadores de las mismas. En este caso, interesa que queden en él.

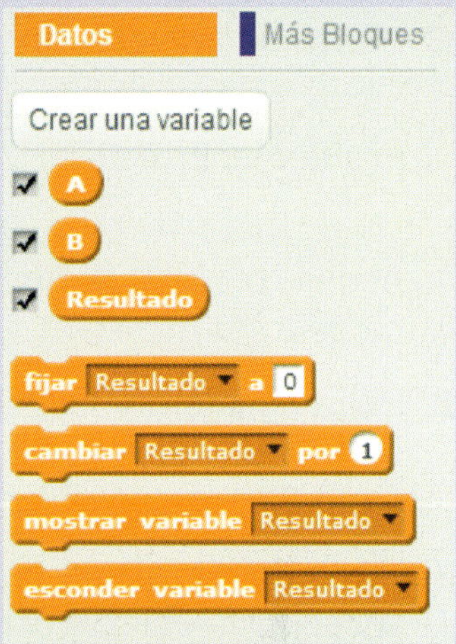

5. Haz que el programa se inicie al pulsar la barra espaciadora. Selecciona ahora en *Sensores* el bloque *preguntar... y esperar* y ensámblalo. Este sensor hace que en el escenario aparezca una pregunta que hay que responder. En nuestro caso, preguntaremos: *¿Cuánto vale la variable A?*

6. Añade el bloque *fijar variable* y selecciona *A*. En lugar de dar a la variable un valor fijo, como en el proyecto anterior, le asignarás el valor de la respuesta a la pregunta anterior.

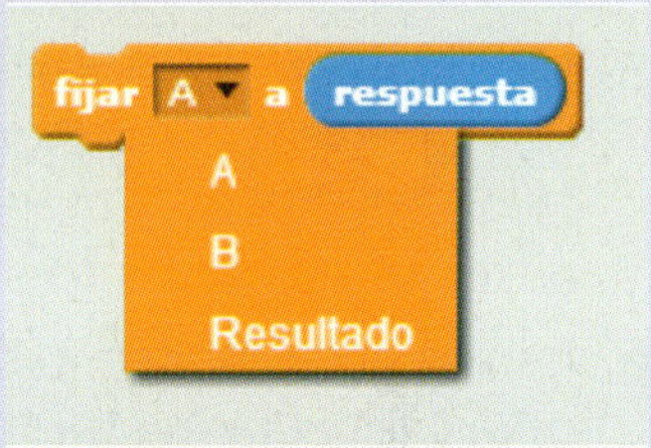

7. Repite el mismo proceso para la variable *B*.

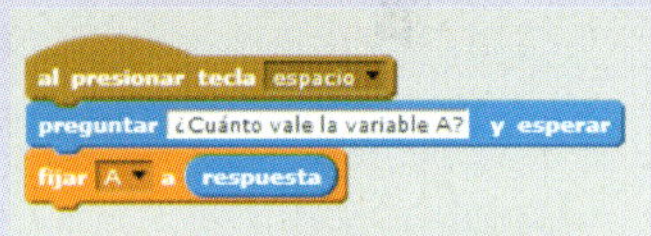

8. Añade la variable *Resultado*, que quedará fijada al operador *suma*, tal como muestra la figura. Este bloque lo encontrarás en la paleta de bloques en el grupo *Operadores*.

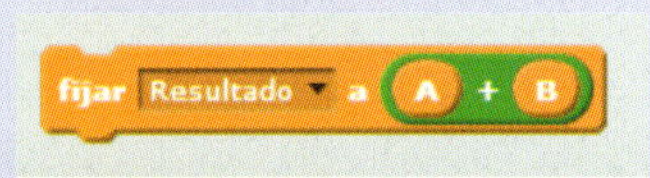

9. Puedes observar el programa final en la figura de la derecha. Comprueba su funcionamiento realizando varias sumas.

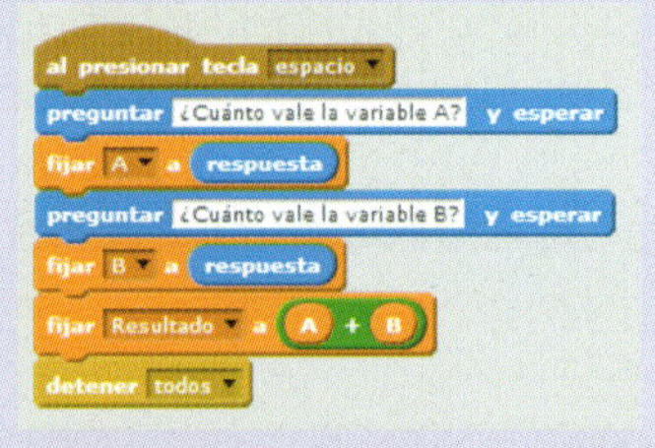

10. Ve a la pestaña *Fondo* y haz un diseño de *fondo1* parecido al de la figura. Guarda antes de salir.

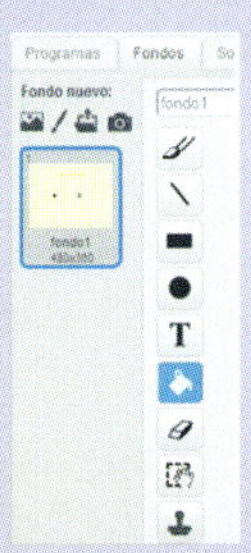

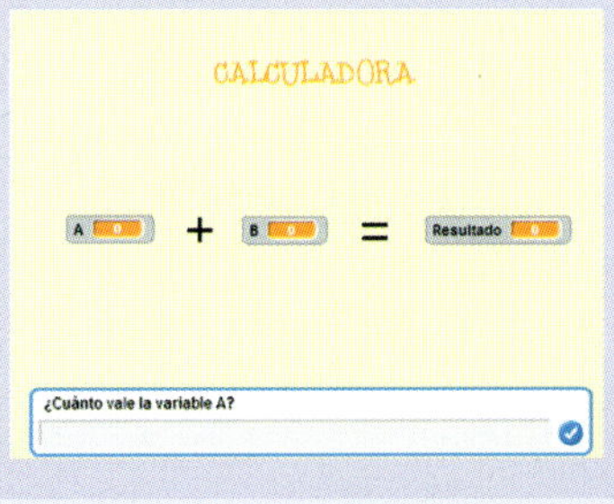

Ampliación

El programa anterior tiene un inconveniente. Al comenzar una nueva suma nos encontramos con los valores de la operación anterior. Debes crear un programa, a partir del anterior, para que todos los valores de las variables vuelvan a 0 cuando se comience una nueva suma. Guárdalo como **Proyecto 05 ampliación**.

4. Sensores

Scratch nos permite interactuar con el exterior por medio de los sensores. El programa dispone de un conjunto de bloques que recibe el mismo nombre y con el que podemos realizar programas en los que utilicemos el micrófono, la webcam, etc.

Taller de informática

En la carpeta ***Archivos Scratch*** que encontrarás en *http://www.editorialteide.es/?8997*, encontrarás los archivos necesarios para realizar los talleres 9 y 10.

9. Tarta de aniversario

Problema: En este proyecto se trata de hacer que se apaguen las velas al soplar en una tarta de cumpleaños.

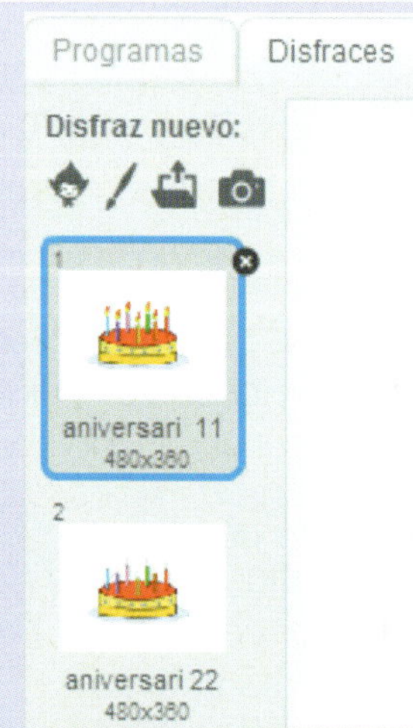

1. Accede al sitio web *http://www.scratch.mit.edu*. Recuerda entrar como usuario. En la carpeta *Mis cosas*, abre un proyecto nuevo, **Proyecto 06**.
2. Borra el gato de Scratch y sustitúyelo por una tarta de cumpleaños. Puedes buscarla en objetos, Internet, dibujarla en el editor o utilizar los dibujos **aniversario 11** y **aniversario 22** que se facilitan en *Archivos Scratch.*
3. Tal como puedes ver en la figura, la tarta dispondrá de dos disfraces, uno con las velas encendidas y el otro con las velas apagadas.
4. Para apagar las velas, utilizarás un sensor que se encuentra en la paleta de bloques en *Sensores* | *Intensidad del sonido.* 

5. Incrusta este sensor en el bloque de control *esperar hasta que...*, dentro del operador, 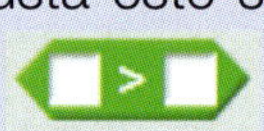 y dale un valor de 50. 

6. Implementa ahora el programa de la figura y comprueba cómo funciona. Para ello, deberás conectar un micrófono al ordenador, si no lo tiene incorporado, y soplar o emitir un sonido cerca del mismo.

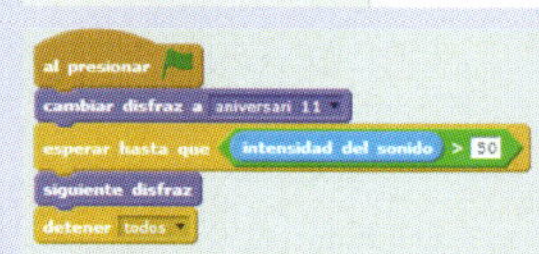

Ampliación

Se trata de mejorar el programa anterior para que emita música. Cuando comience a funcionar, es decir, cuando las velas estén encendidas, sonará la canción *Cumpleaños feliz* y, cuando se apaguen, se oirán unos aplausos. Recuerda que puedes incorporar sonidos a los programas. En este caso, los puedes crear tú mismo o insertarlos desde un archivo. Te facilitamos dos archivos por si los deseas utilizar: ***aniversariofeliz*** y ***aplausos***. Guárdalo como **Proyecto 06 ampliación**.

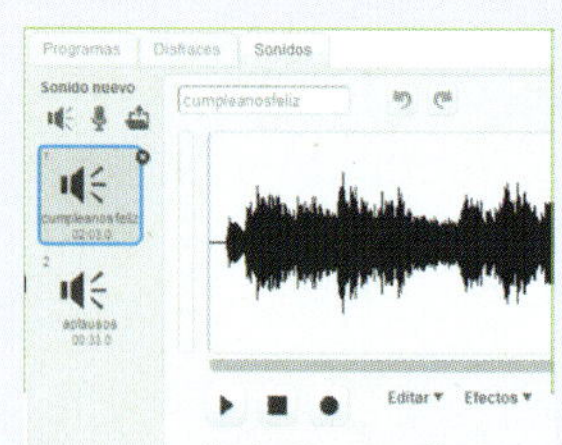

10. El bebé infla el globo

Problema: En este proyecto se trata de hacer que un bebé infle un globo hasta que lo haga explotar. Cuando el globo explote, el bebé romperá a llorar.

1. Accede al sitio web *http://www.scratch.mit.edu*. Recuerda entrar como usuario.

   En la carpeta *Mis cosas*, abre un proyecto nuevo, **Proyecto 07**.

2. Borra el gato de Scratch y selecciona, en la biblioteca de fondos, el escenario *bedroom2.* Lo encontrarás en *Categorías | Interiores.*

3. Coloca un nuevo objeto en el escenario, un bebé. Como puedes observar en la figura, dispone de dos disfraces, *baby* y *baby1.* Puedes obtener las imágenes desde el archivo con el mismo nombre: ***baby*** y ***baby1***.

4. Haz lo mismo con un segundo objeto, un globo, que también dispone de dos disfraces y que se encuentran en los archivos ***globo*** y ***globo1***.

5. Crea para cada uno de los objetos los programas siguientes, el primero para el bebé y el segundo para el globo. Recuerda que has de tener seleccionados cada uno de los objetos para hacerlo. Recurre a los archivos para seleccionar los sonidos ***baby_cry*** y ***explosión_globo***.

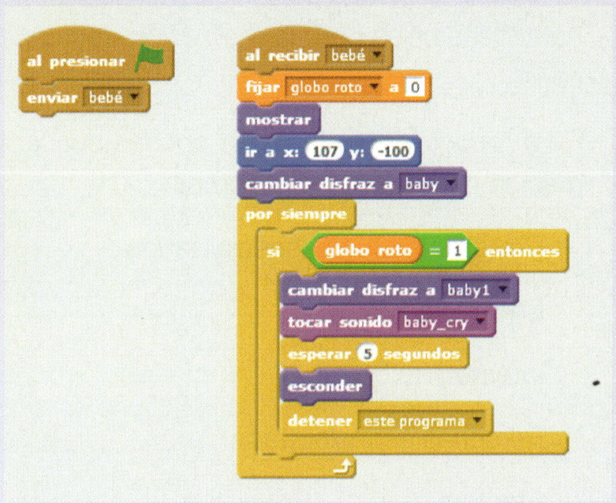

6. Observa que en el segundo programa se han utilizado dos bloques nuevos del módulo de *Apariencia*. El primero de ellos fija el tamaño del objeto a un porcentaje determinado. El segundo aumenta el tamaño cuando se utiliza el micrófono como sensor.

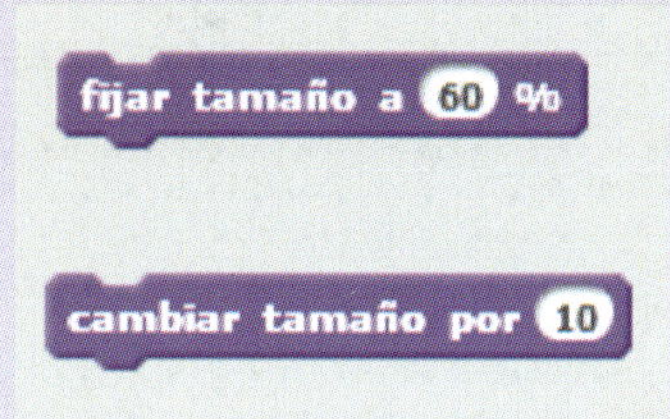

7. Comprueba el funcionamiento del programa. Para ello, tendrás que conectar un micrófono al ordenador, si no lo tiene incorporado, y soplar o emitir un sonido cerca del mismo.

Ampliación

El programa anterior dispone de dos hilos de programación, uno para cada uno de los objetos. Después de la simulación explica exactamente qué sucede en cada uno de ellos.

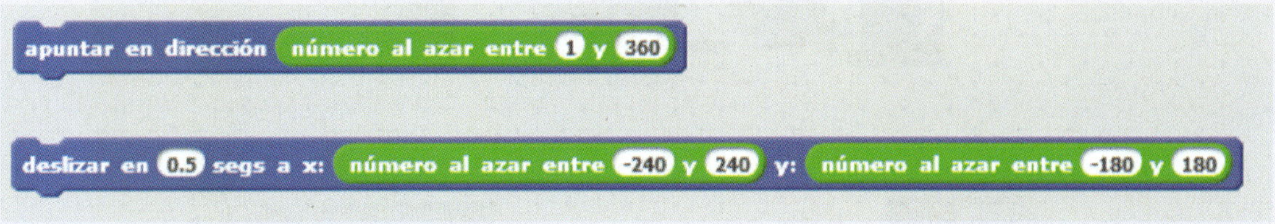

Propuestas de trabajo

1 Marco portarretratos

Trabajo individual
Duración aproximada: 5 horas + redacción de documentos

1. Descripción y análisis del problema

Quizá tengas en tu casa alguna fotografía que te gustaría enmarcar, bien para decorar tu habitación o para regalar a algún familiar, amigo o amiga. Se nos plantea, pues, un problema técnico, por lo que habrá que seguir (según hemos visto en el tema 1) un proceso tecnológico para resolverlo o darle una solución.

Así pues, nos encontramos ante la necesidad de diseñar y construir un portarretratos para enmarcar nuestra fotografía.

Condiciones iniciales

Las condiciones que ha de cumplir el portarretratos serán:

- Tener las dimensiones adecuadas para enmarcar una fotografía de 10 × 15 cm.
- Permitir una posición vertical u horizontal.
- El proceso de construcción se tiene que poder llevar a cabo en el aula de Tecnologías.

2. Búsqueda de información

En el mercado se pueden encontrar portarretratos de diferentes materiales, como metal, madera, plástico, etc. Básicamente, constan del marco propiamente dicho, un material transparente que protege la fotografía y el fondo.

El análisis de estos portarretratos nos proporcionará ideas útiles para la realización de nuestro diseño.

Pero recuerda que también puedes buscar información en otras fuentes como:

- Revistas y textos especializados.
- Enciclopedias.
- Internet.
- Personas especialistas.
- Etcétera.

3. Generación y selección de ideas

Del análisis realizado en la fase anterior, nos centraremos en los siguientes detalles:

Uniones

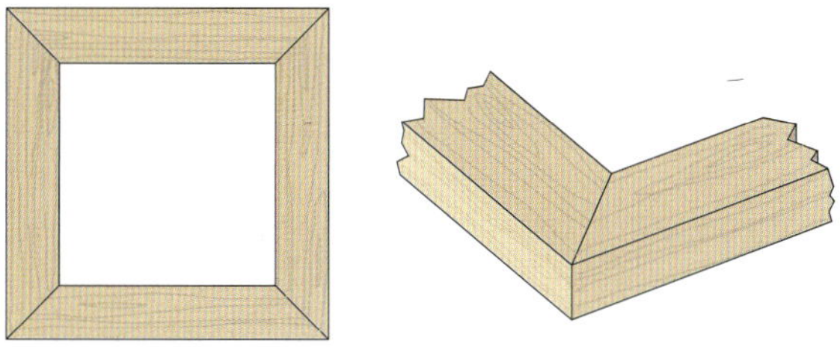

Unión biselada a 45° en el marco.

Unión a media madera en el marco.

Soportes

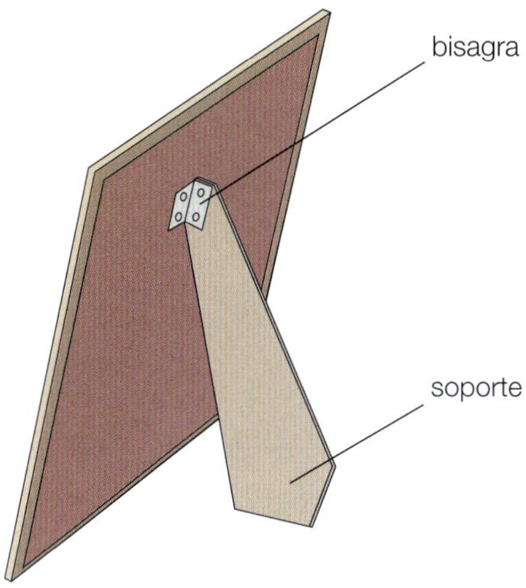

Solución adoptada

Se opta por uniones biseladas a 45° en el marco; el soporte será de plástico e independiente del marco.

Marco portarretratos

4. Construcción

En esta fase hay que realizar la construcción del marco y el soporte diseñados. Primero construiremos el marco, después el soporte y, por último, montaremos los elementos del marco con la fotografía y los colocaremos en el soporte.

El plan de trabajo podría ser, por tanto:

PLAN DE TRABAJO				
Proceso tecnológico: PORTARRETRATOS				
Proceso tecnológico: Individual ☐ En grupo ☐			**Autor/es:**	
N.º de orden	**Operación**	**Materiales**	**Herramientas y máquinas**	**Tiempo aproximado**
1	marcado de los cuatro listones	listón de pino de 30 × 20 mm	escuadra de carpintero regla	10 minutos
2	corte de los cuatro listones		cortaingletes serrucho de costilla gato	45 minutos
3	realización de la entalladura		tornillo de banco serrucho de costilla escofina	60 minutos
4	encolado del marco	gomas elásticas cola blanca	adhesivo	10 minutos
5	construcción del fondo	DM de 3 mm	escuadra de carpintero sierra de marquetería lima	50 minutos
6	preparación del material protector	lámina de plástico transparente	útiles de dibujo Tijeras	10 minutos
7	acabado del marco	papel de lija	lijadora portátil	50 minutos
8	marcado del soporte	plástico (PS de 2 mm de grosor)	útiles de dibujo	10 minutos
9	corte del soporte		sierra de marquetería	30 minutos
10	doblado del soporte		dobladora calibre angular	30 minutos
11	acabado del soporte		papel de lija	5 minutos
12	montaje			5 minutos

Marco portarretratos

Operación n.º 1. Marcado de los cuatro listones del marco

Coge un listón de pino que mida 30 × 20 mm y, con la ayuda de una escuadra de carpintero y un lápiz, dibuja las cuatro piezas del marco. Si lo haces tal y como ves en la figura, ahorrarás material y cortes, ya que un solo corte servirá para dos piezas. Entre una pieza y otra, deja una separación de 2 mm, previendo la pérdida de material que se origina en la realización del corte.

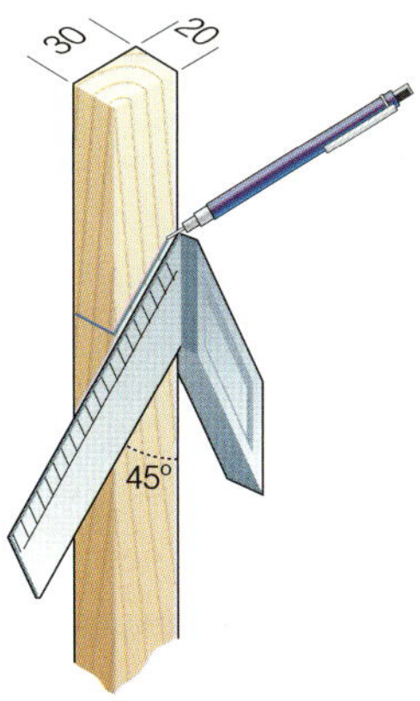

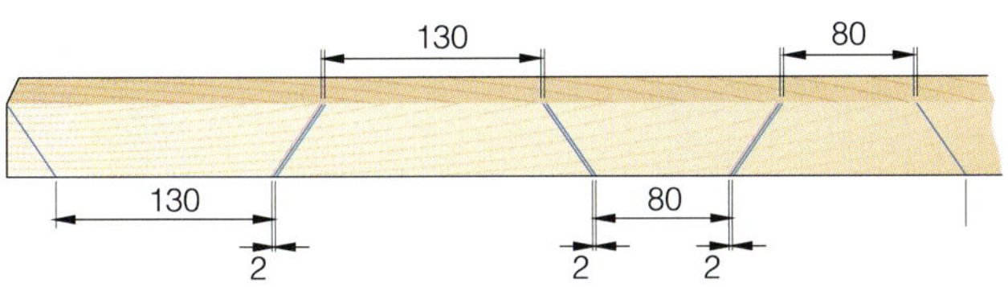

Si utilizas un solo listón.

Operación n.º 2. Corte de los cuatro listones del marco

Con un cortaingletes, gatos y un serrucho de costilla, corta las cuatro piezas. Para sujetar los listones con los gatos, utiliza trozos de madera; de este modo no quedarán marcados.

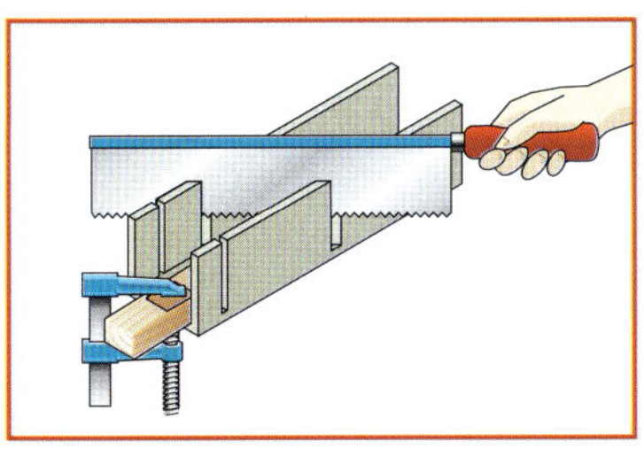

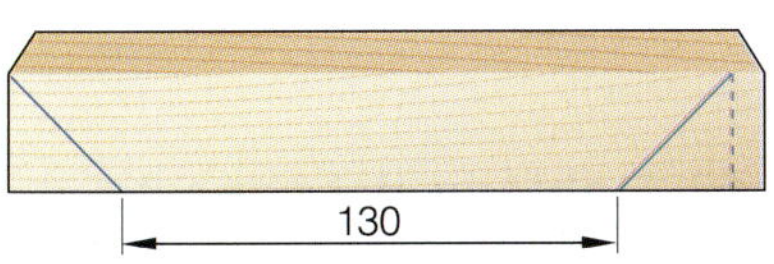

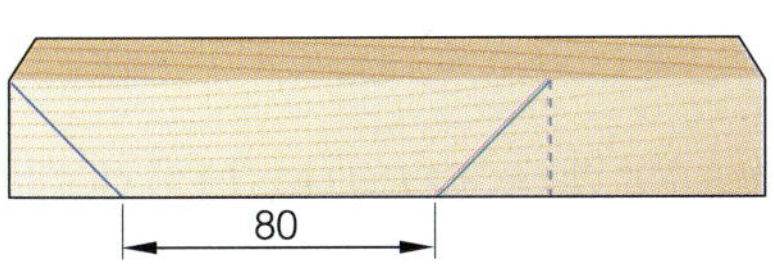

Operación n.º 3. Realización de la entalladura

Haz una entalladura en cada listón. Se utilizará para introducir el retrato, el fondo y el protector. Para ello, corta los listones longitudinalmente con las medidas indicadas en la figura. Cuando sujetes las piezas con el tornillo de banco, utiliza trozos de madera para no dejar marcas.

Operación n.º 4. Encolado del marco

Para encolar el marco, puedes utilizar gomas elásticas o bien gatos para ingletes. Antes de sacarlos, deberás esperar a que se seque la cola. Si aplicas demasiada cola, los listones no quedarán tan bien unidos.

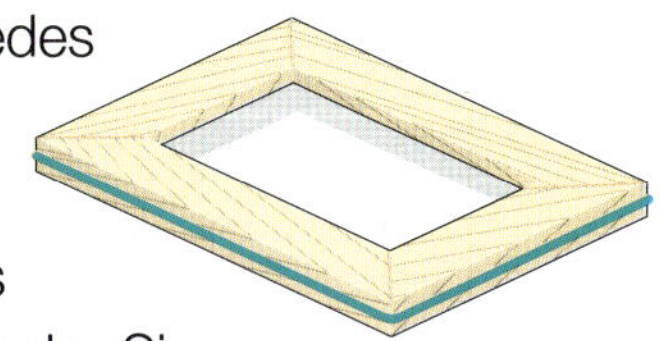

Operación n.º 5. Construcción del fondo

En una lámina DM dibuja el fondo con las medidas indicadas. Después córtalo y líjalo con papel de lija.

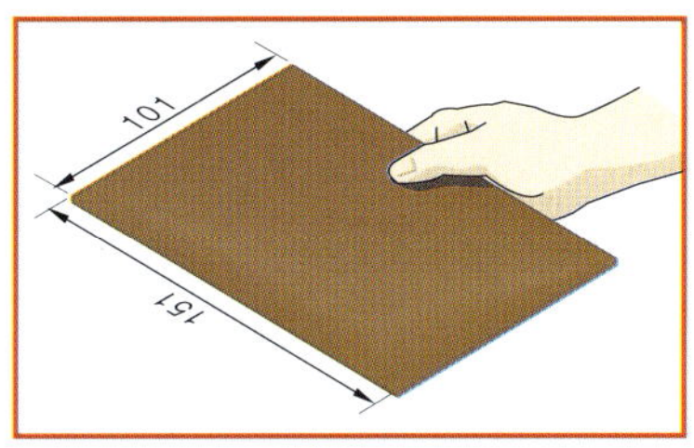

Operación n.º 6. Preparación del material protector

En una lámina de plástico transparente para encuadernar dibuja la figura con las medidas indicadas. Esta lámina será el protector del retrato.

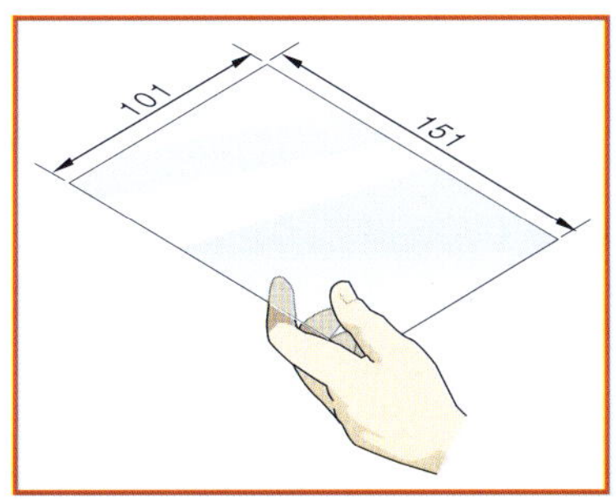

Operación n.º 7. Acabado del marco

Por último, pule todo el marco. Después podrás barnizarlo, si quieres darle el color de la madera, o pintarlo del color que más te guste.

Marco portarretratos

Operación n.º 8. Marcado del soporte

Para dar la forma del soporte portarretratos al material plástico, deberás seguir los siguientes pasos:

a) Dibuja un rectángulo de las medidas indicadas en la figura.

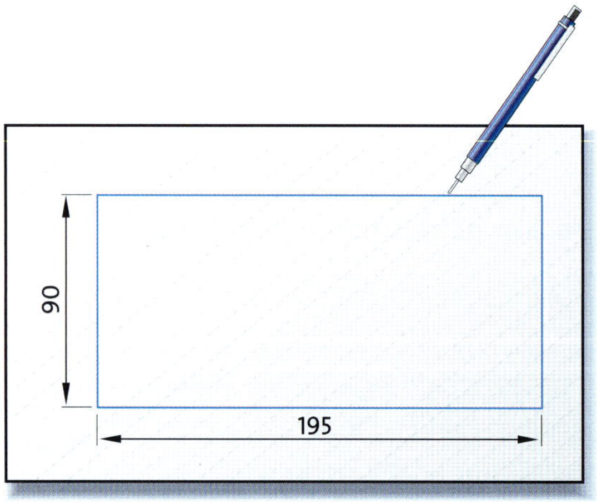

b) Marca el punto medio *A* de uno de los lados menores del rectángulo. Traza una horizontal con trazo discontinuo a una distancia de 15 mm del otro lado.

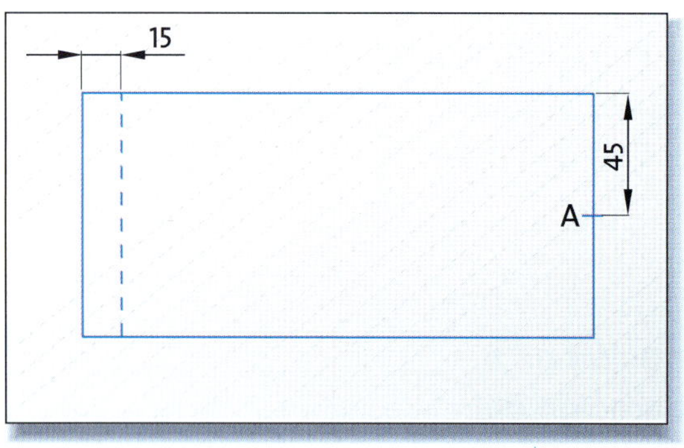

c) A cada lado del punto *A* y a una distancia de 15 mm de este marca los puntos *B* y *C* para trazar las líneas indicadas.

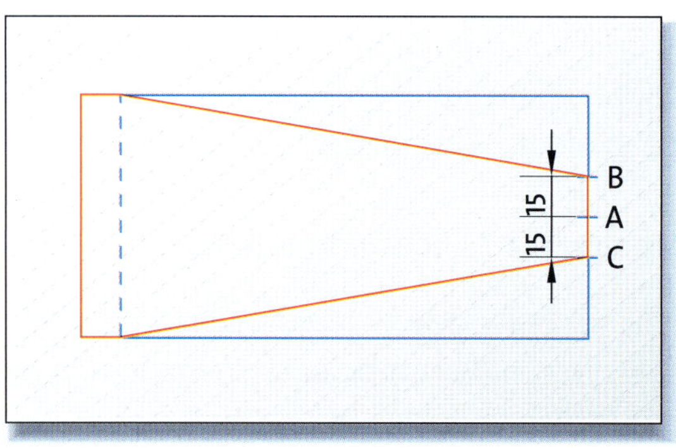

d) Para acabar de representar el desarrollo, traza una paralela con línea discontinua a 90 mm del lado superior.

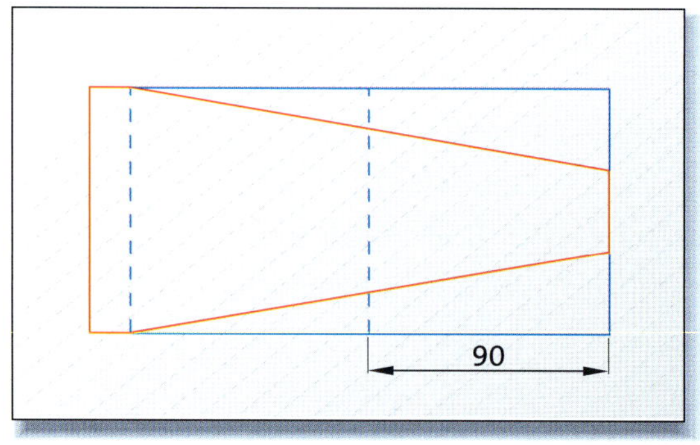

Desarrollo

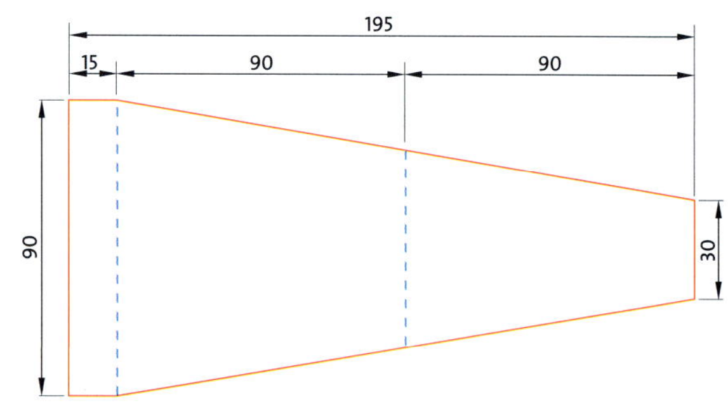

Operación n.º 9. Corte del soporte

Con la sierra de marquetería, corta el plástico por las líneas exteriores.

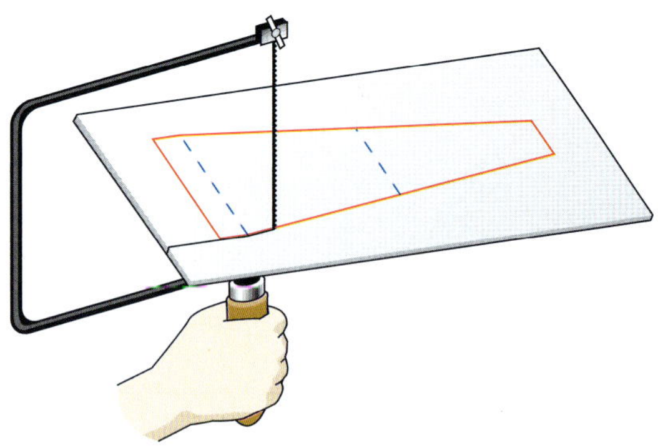

Operación n.º 10. Doblado del soporte

Una vez conseguida la forma básica, utilizaras la dobladora de plásticos tal como se indica a continuación.

a) Pulsa el interruptor de encendido de la dobladora. Una luz se iluminará indicando que ya está en funcionamiento. Transcurridos unos cuatro minutos, el filamento tendrá la temperatura óptima. Coloca la figura de plástico sobre el filamento por su parte más ancha, allí donde está dibujada la línea discontinua.

b) Al poco, la zona que hay que de doblar estará caliente y se dejará curvar. Coloca entonces la figura sobre el calibre angular previamente fijado a 75°. Mantén la figura sobre el calibre hasta que se enfríe y conserve la forma deseada.

c) Haz un último doblado sobre la línea discontinua tal como se acaba de indicar. Cuando la figura de plástico haya adquirido la temperatura deseada, regula el calibre angular a 50°.

Operación n.º 11. Acabado del soporte

Pule los cantos con papel de lija del número 0.

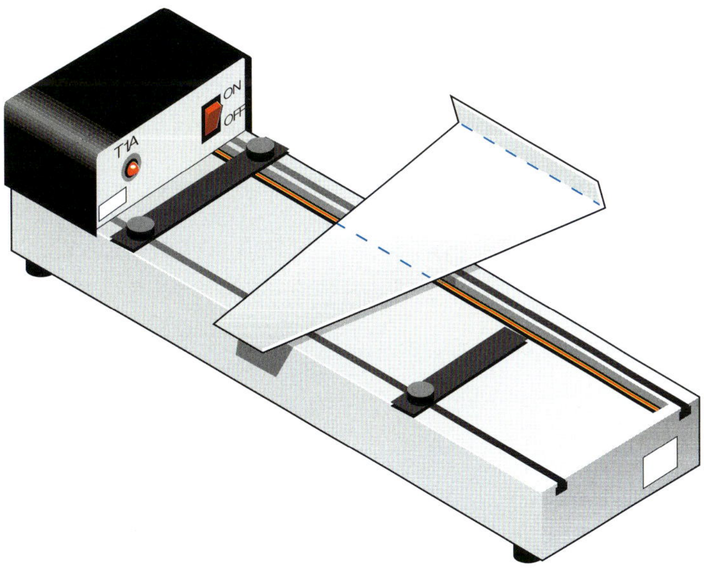

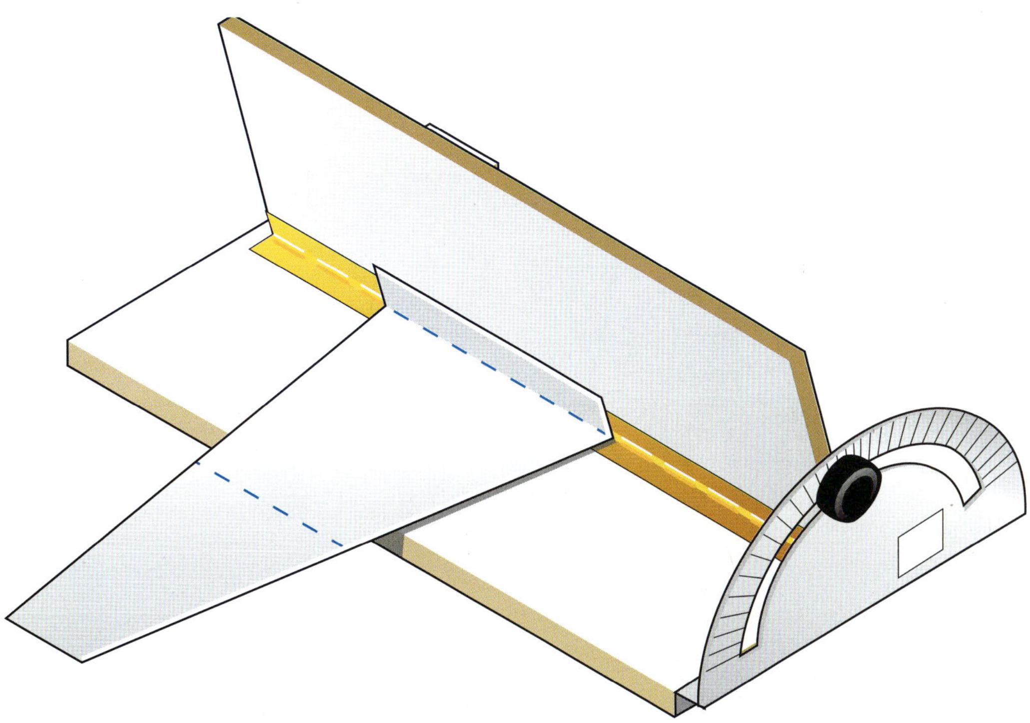

Marco portarretratos

5. Evaluación

Una vez terminado el portarretratos, llegamos a la última fase del proceso tecnológico, que consiste en evaluar si lo construido se ajusta a las condiciones iniciales. Si es así, diremos que el proceso tecnológico se ha llevado a cabo con éxito. Si no, habrá que replantear todo el proceso y averiguar en qué momento hemos cometido algún error.

Podemos hacernos las siguientes preguntas para realizar la evaluación:

a) ¿Cabe la foto en la entalladura realizada?

b) ¿El fondo del marco se ajusta bien al vaciado realizado?

c) ¿Quedan bien ajustadas las uniones en inglete?

d) ¿Aparece bien lisa la superficie del marco y sin restos de cola?

e) ¿Las dimensiones, tanto del marco como del soporte, son las exigidas?

f) ¿Los doblados del soporte tienen los ángulos indicados?

Las respuestas a estas preguntas nos darán una idea de la **calidad del proceso** tecnológico realizado y, a su vez, nos harán replantear el **proceso** en su conjunto para intentar mejorarlo.

Resultado

Ahora ya dispones de un portarretratos que puedes regalar a algún familiar, amigo o amiga.

Recuerda que la memoria ha de incluir:

- Portada
- Índice
- Descripción y análisis del problema
- Diseño del portarretratos
- Plan de trabajo
- Evaluación

Ya has completado por todas las fases del proceso tecnológico. En cada una de ellas habrás generado documentos que tendrás que ordenar y, posiblemente, pasar a limpio, para completar la memoria del trabajo.

2 Giroscopio

Trabajo individual
Duración aproximada: 3 horas

Materiales	Herramientas
• Cartulina blanca o roja • Encuadernador con arandela • Rotulador negro	• Útiles de dibujo • Tijeras

Descripción y análisis del problema

Imagínate que quieres regalar a un hermano pequeño un juguete hecho por ti y que sirva para potenciar su creatividad.

Por consiguiente, nos encontramos ante la necesidad de construir un objeto. Un giroscopio, por ejemplo, servirá para nuestros fines.

Condiciones iniciales

- El giroscopio debe permitir la creación de varias figuras de forma muy sencilla.
- Para su construcción no será necesario disponer de un taller y se utilizarán simplemente materiales que se puedan encontrar en un escritorio.

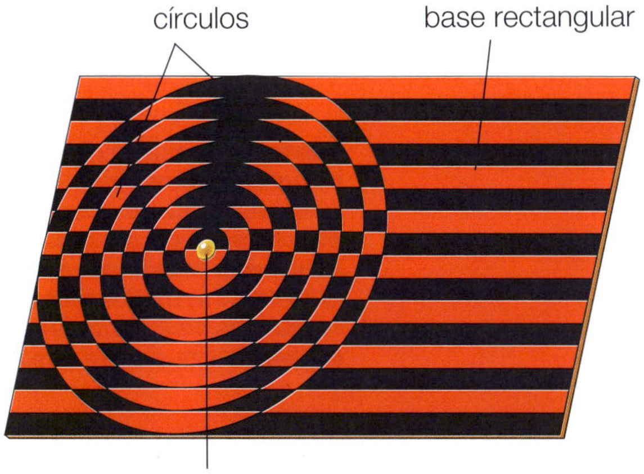

Construcción

1. Dibuja en la cartulina un cuadrado de 16 cm de lado. Traza las dos diagonales y obtén el punto *M*.

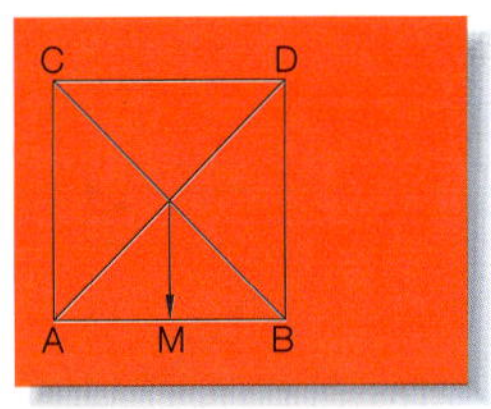

2. Prolonga el segmento *AB*. Centra la aguja del compás en el punto *M*, con abertura hasta *D*, y traza un arco que corte en *E* la prolongación del lado *AB*. El segmento *AE* es el lado mayor de este rectángulo. Desde el punto *E* traza una paralela a *BD*, que se cortará en el punto *P* con la prolongación del lado *CD*.

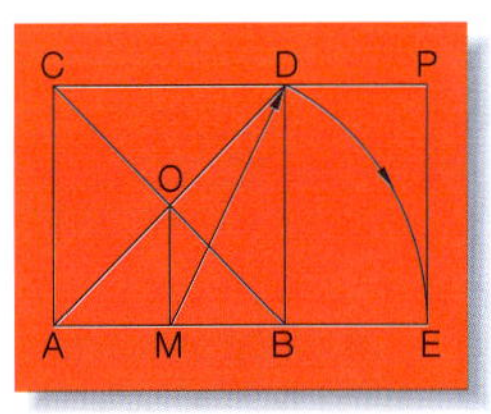

3. La figura geométrica *ACPE* se conoce con el nombre de rectángulo áureo.

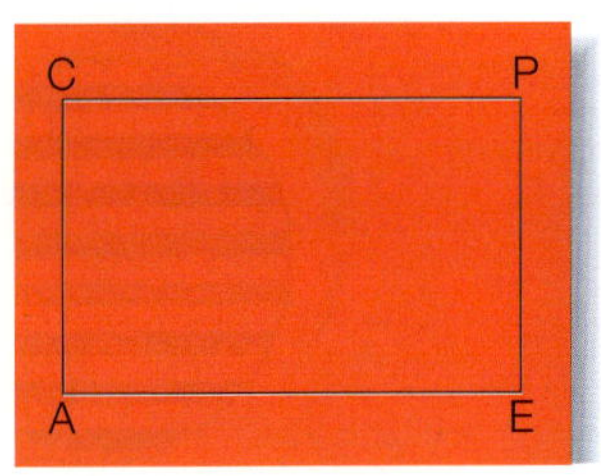

Giroscopio

4. Haz divisiones de 1 cm en el lado más pequeño y traza líneas horizontales. Pinta alternativamente las franjas resultantes y recorta el rectángulo.

5. En otro trozo de cartulina, traza dos rectas perpendiculares con la escuadra y el cartabón. Centrando el compás en *O* y con una abertura de 8 cm, traza una circunferencia.

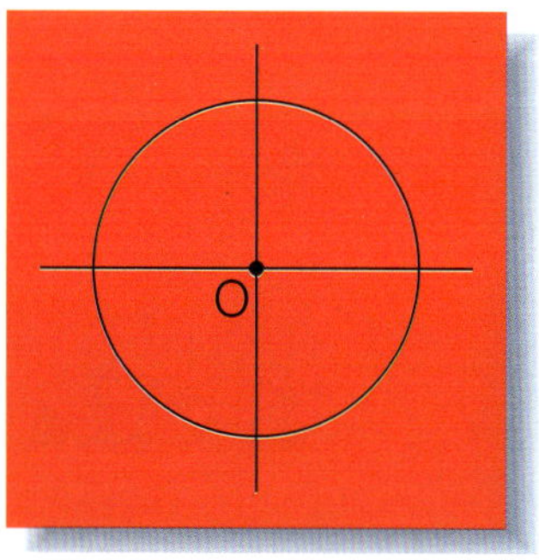

6. Sobre el diámetro *AB*, haz divisiones de 1 cm. A continuación, traza líneas horizontales que pasen por dichas marcas.

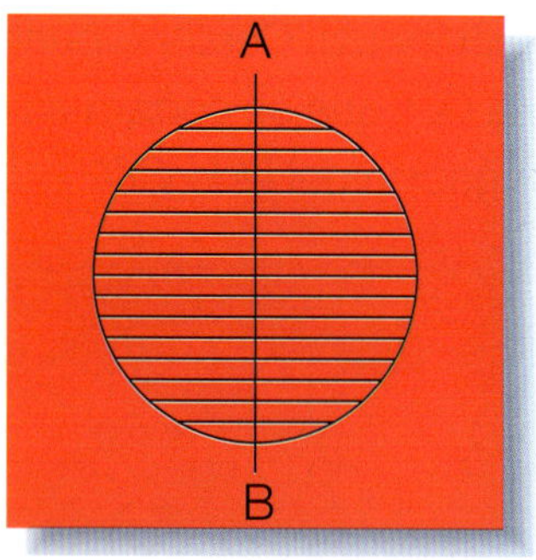

7. Pinta las franjas resultantes de forma alterna y recorta la circunferencia.

8. Tienes que recortar siete circunferencias más, con distintas aberturas del compás que vayan desde 1 cm hasta 7 cm. No te olvides de que antes debes marcar las franjas y pintarlas, tal como se ha hecho en los puntos 5, 6 y 7.

9. Con la aguja del compás o un punzón, agujerea el centro de cada círculo.

10. La perforación de la superficie rectangular áurea debe hacerse en el centro *O* del cuadrado que ha servido de base para trazar el rectángulo.

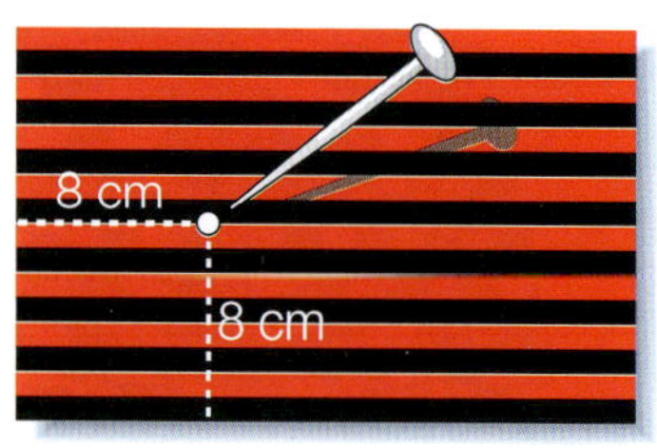

11. Tomando como base del giroscopio la superficie rectangular, coloca, uno encima de otro y de mayor a menor, los ocho círculos que has recortado. Introduce en el centro el encuadernador, procurando no apretarlo demasiado para que los círculos puedan girar. Introduce por detrás la arandela del encuadernador y fíjalo abriendo los dos extremos y apretándolos contra la superficie.

Para que sea más resistente, puedes pegar la base sobre una chapa de madera de sus mismas dimensiones.

Resultado

La rotación de los círculos permite obtener diferentes composiciones de líneas, figuras y colores.

Procura que:

- Las figuras se ajusten a las medidas indicadas.
- Los cortes coincidan con las líneas marcadas.
- Todas las franjas tengan el mismo ancho.
- Las franjas pintadas no salgan de los límites.

3 Juego geométrico con figuras prismáticas

Trabajo individual

Duración aproximada: varía en función del tiempo dedicado a la realización de las diferentes actividades

Materiales
• Láminas de superficies plegables
• Lámina cuadriculada
• Tarjetas con actividades
• Pegamento

Nota: La lámina cuadriculada se suministra con el libro de texto.

Descripción y análisis del problema

Procederemos a la construcción de tres piezas prismáticas que reposan sobre una base cuadriculada. Estas piezas nos servirán para realizar diferentes actividades relacionadas con la geometría, y complementar tanto el proceso de aprendizaje del *espacio* y la *forma* como el proceso de aprendizaje de la *medida*.

Condiciones iniciales

- Cada una de las piezas debe tener las siguientes dimensiones: 5 × 2,5 × 10 cm.
- Las tres piezas, de colores rojo, amarillo y azul, se montarán a partir de las láminas de superficies plegables las encontrarás en *http://www.editorialteide.es/?8997.*

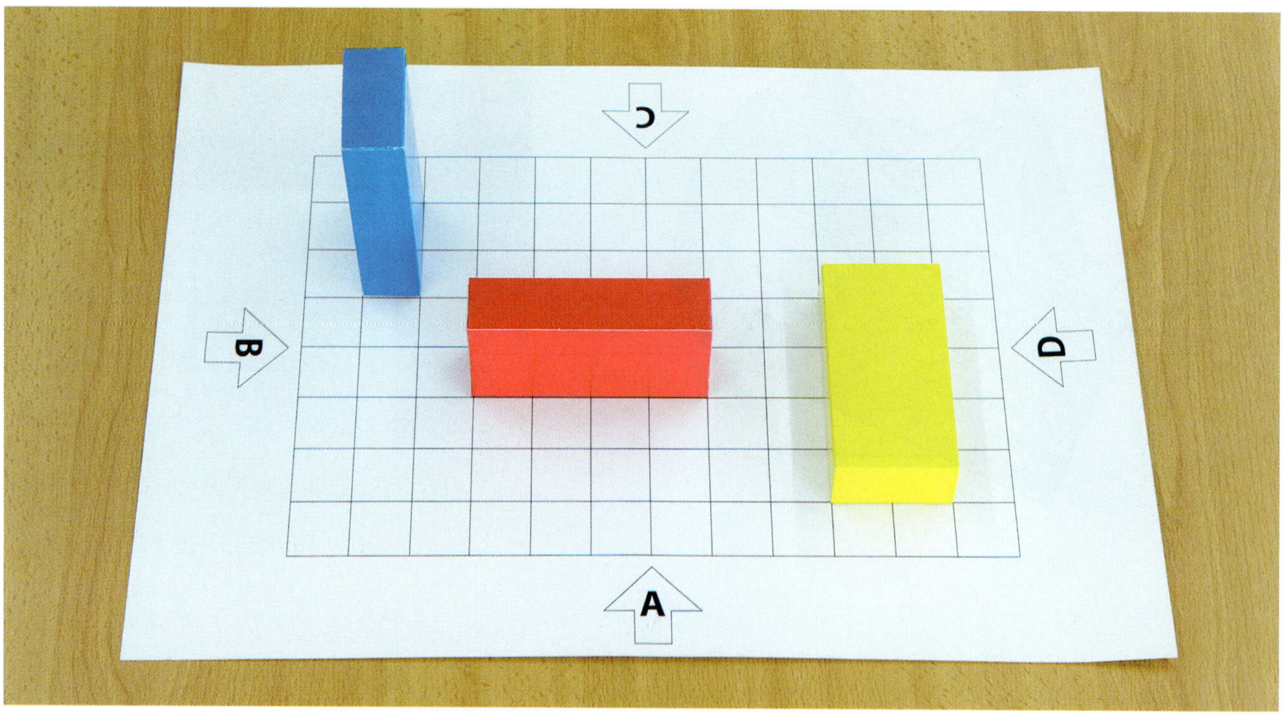

Juego geométrico con figuras prismáticas

- Cada una de las piezas (que puede representar un edificio, una caja, un electrodoméstico, etc.) se debe poder colocar en posición vertical, horizontal o plana.
- La base cuadriculada que servirá para apoyar las piezas se encuentra entre las láminas que se entregan con el libro. Cada uno de los lados de la cuadrícula mide 2,5 cm.

Montaje de las tres piezas prismáticas (roja, amarilla y azul)

1. Imprimir las tres superficies plegables de las láminas correspondientes.
2. Doblar cada una de las piezas por las líneas marcadas.
3. Pegar las pestañas con pegamento.

Actividades

Para realizar algunas de las actividades, además de las piezas prismáticas y de la base cuadriculada, son necesarias las tarjetas de actividades que encontrarás en *http://www.editorialteide.es/?8997.* Dichas tarjetas vienen marcadas, en la esquina superior izquierda, en color marrón o verde y numeradas del 1 al 4. Antes de comenzar las actividades es aconsejable distribuir en sobres las tarjetas de un mismo color y número e identificarlos del mismo modo, por color y número.

1. Situar correctamente las tarjetas de proyección vertical (tarjetas de color marrón)

A continuación, aparecen representadas cuatro proyecciones en planta con la especificación de los puntos de observación A, B, C y D. Para cada una de estas representaciones se han de situar las tres piezas prismáticas sobre la base cuadriculada, tal como se indica en la proyección en planta correspondiente.

Además, para cada una de las cuatro actividades, se deben resolver las siguientes cuestiones:

- Decidir a qué punto corresponde cada tarjeta de proyección vertical.
- Calcular la parte de la base cuadriculada que ocupa cada pieza prismática.
- Calcular la parte de la base cuadriculada que queda sin ocupar.

Juego geométrico con figuras prismáticas

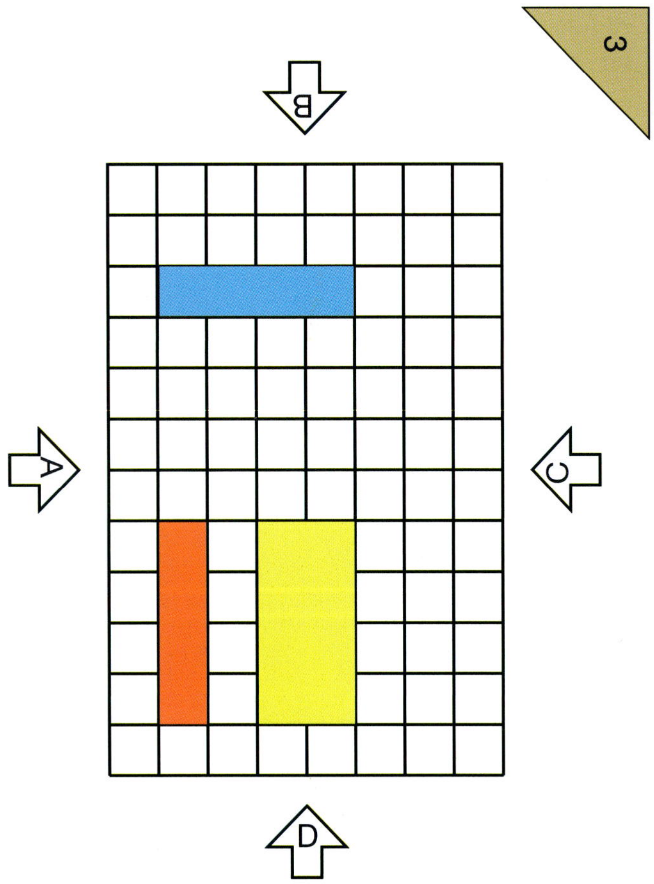

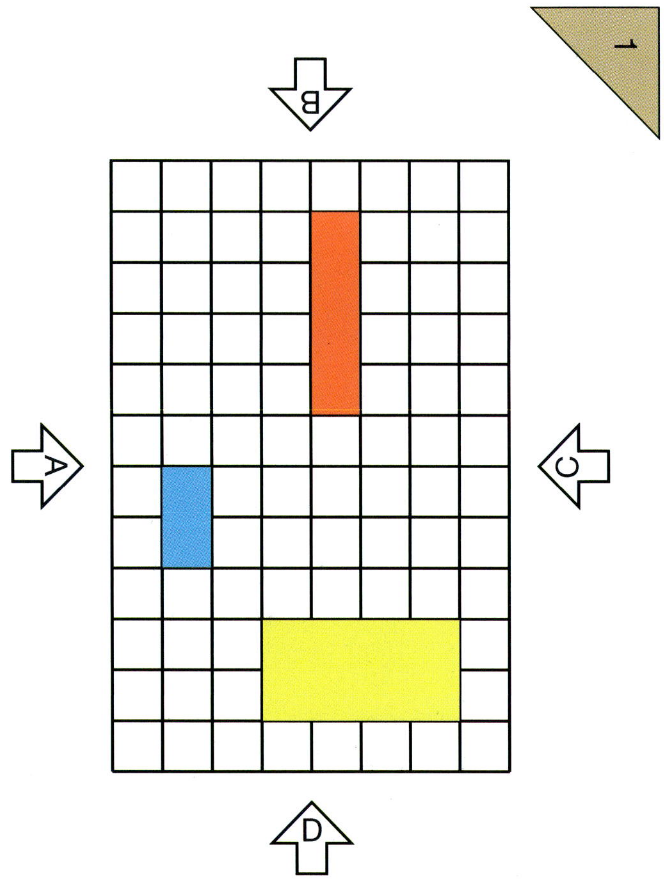

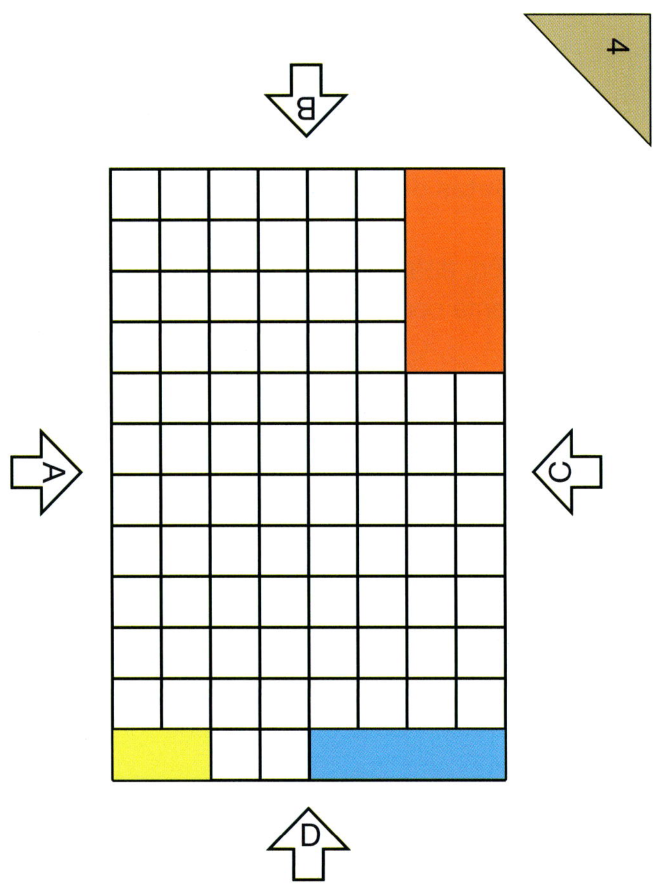

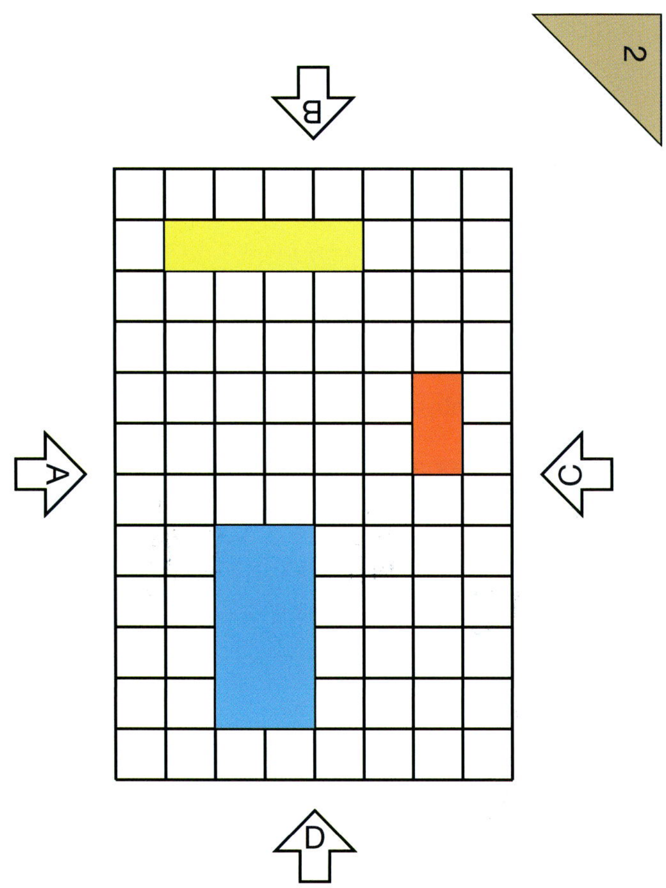

2. Situar las piezas prismáticas adecuadamente sobre la base cuadriculada (tarjetas de color verde)

En cada una de las cuatro tarjetas de color verde se especifica el punto de observación. La actividad consiste en colocar correctamente las piezas prismáticas sobre la base cuadriculada a partir de la información que ofrecen las diferentes tarjetas de proyección vertical.

3. Vistas de alzado, planta y perfil de una pieza prismática

Coloca una de las piezas prismáticas de la forma indicada en la figura y obsérvala de frente, desde la izquierda y desde arriba. Dibuja en tu cuaderno, debidamente acotadas y a escala natural, las tres vistas correspondientes.

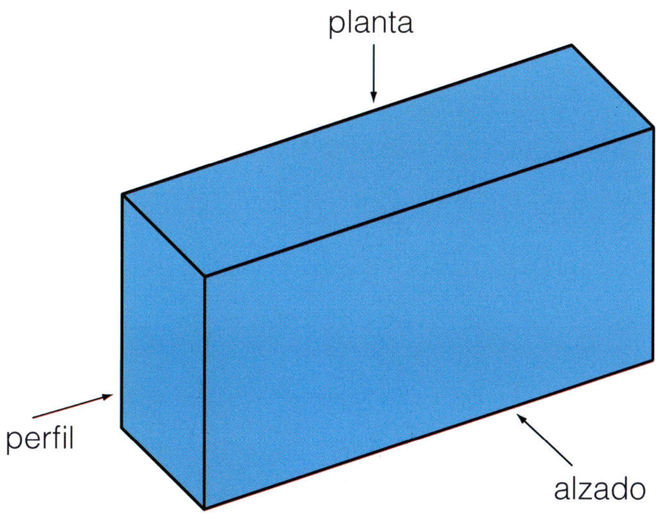

4. Recuento del número de caras, vértices y aristas de cada pieza prismática

Observa una de las piezas prismáticas y cuenta el número de caras, vértices y aristas. Completa en tu cuaderno una tabla como la siguiente:

Número de caras (C)	Número de vértices (V)	Número de aristas (A)	C + V	A + 2

Comprueba que se cumple la siguiente expresión:

número de caras + número de vértices = número de aristas + 2

5. Desarrollo plano de una pieza prismática

A continuación se muestra el desarrollo plano de una de las piezas prismáticas, situado sobre la base cuadriculada. Observa detenidamente este desarrollo, realizado a escala, y la pieza prismática correspondiente, toma las medidas que consideres necesarias y responde a las cuestiones que se plantean.

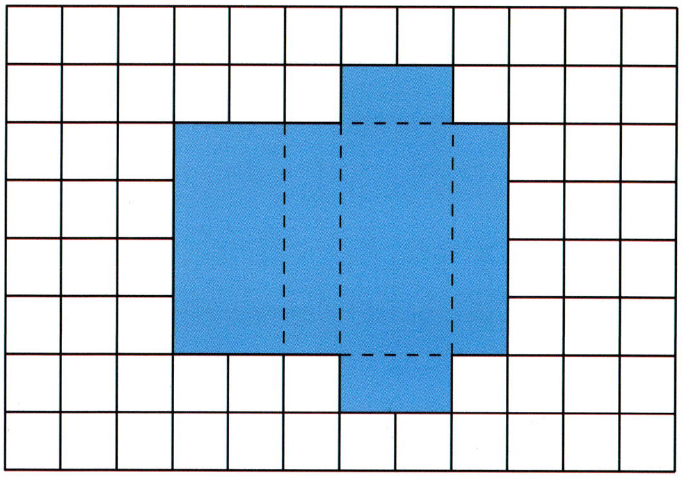

a) ¿Qué parte de la base cuadriculada ocupa el desarrollo de una pieza prismática? (Ten en cuenta que no tiene pestañas).

b) ¿A qué escala está dibujado el desarrollo plano de la pieza prismática?

c) Calcula la superficie total de cada una de las piezas prismáticas sabiendo que cada casilla de la base cuadriculada ocupa una superficie de 6,25 cm^2.

Juego geométrico con figuras prismáticas

6. Cálculo del volumen de cada una de las piezas prismáticas

A continuación, aparece representada la vista en planta de un cubo de 10 cm (1 dm) de arista. Ayudándote de las tres piezas prismáticas, trata de averiguar cuántas piezas serán necesarias para montar el cubo de 1 dm de arista. Sabiendo que el volumen de un cubo de 1 dm de arista es de 1 000 cm^3, determina el volumen que ocupa cada una de las piezas prismáticas.

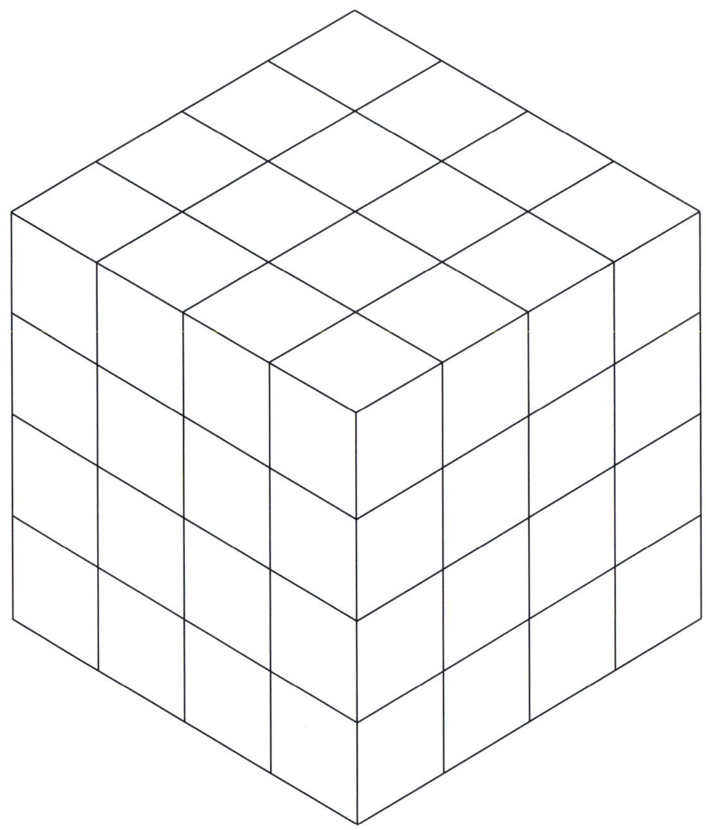

7. Piezas prismáticas de madera

En lugar de figuras prismáticas de cartulina podrías construir figuras prismáticas de madera, pues son más resistentes y, una vez pintadas, pueden durar mucho tiempo. Para ello, hay que pedir a una carpintería que preparen tres listones de maderas diferentes: haya, lapacho y palo de hierro. Cada listón debe tener una sección rectangular de 2,5 × 5 cm y una longitud de 155 cm.

a) Queremos disponer en el aula de tecnología de 15 juegos de tres piezas, correspondiendo cada pieza a una madera diferente. Teniendo en cuenta que cada vez que se hace un corte en los listones se pierden 2 mm de longitud, ¿habrá madera suficiente para conseguir las 15 piezas de cada listón? ¿Por qué?

b) Indica la secuencia de pasos que se deben seguir desde que se extrae la madera del árbol hasta obtener cada uno de los listones.

c) Escribe ordenadamente las operaciones que hay que efectuar para obtener cada una de las piezas pintadas a partir del listón correspondiente.

d) Medimos la masa de cada una de las piezas con una balanza y obtenemos el siguiente resultado en función del tipo de madera:

Tipo de madera de la pieza prismática	Masa en gramos (g)
Haya	89
Lapacho	142
Palo de hierro	127

¿Cuál es el valor de la densidad de las distintas piezas prismáticas en función de la madera utilizada? ¿Flotan todas las piezas en el agua? ¿Por qué?

e) ¿Qué forma tiene cada una de las caras de las figuras prismáticas? ¿Qué relación existe entre las caras de una misma figura?

f) Busca información sobre las características más importantes del tipo de madera de cada listón.

1 Haya, 2 Palo de hierro. 3 Lapacho

Juego geométrico con figuras prismáticas

8. Composición de figuras a partir de cubos de 2,5 cm de arista

A partir de cubos de 2,5 cm de arista, podemos construir diferentes figuras sobre la base cuadriculada. La cara superior de cada uno de los cubos que componen las diferentes figuras se ha recubierto con una capa de papel coloreado y, además, algunos de estos cubos se han cortado verticalmente por la diagonal de esta cara superior. Observa la siguiente fotografía y responde a las cuestiones planteadas.

a) ¿Qué parte de la base cuadriculada ocupa cada figura?

b) ¿A qué tipo de cuadrilátero corresponde el papel coloreado de la base superior de cada una de las figuras? Además, señala si cada uno de estos cuadriláteros pertenece a un **paralelogramo** o **no paralelogramo**.

c) ¿Cuánto mide la superficie de papel coloreado de cada una de las figuras?

d) Indica si el perímetro de la base superior de la figura amarilla es...

1. Menor de 20 cm;

2. Igual a 20 cm;

3. Mayor de 20 cm.

e) Indica si el perímetro de la base superior de la figura verde es...

1. Menor de 25 cm;

2. Igual a 25 cm;

3. Mayor de 25 cm.

f) Sin realizar ninguna operación, ¿puedes decir a qué figura corresponde el papel coloreado de la base superior de menor perímetro?

g) Dibuja la proyección vertical correspondiente a cada uno de los cuatro puntos de observación.

h) ¿Todas las figuras ocupan el mismo volumen?

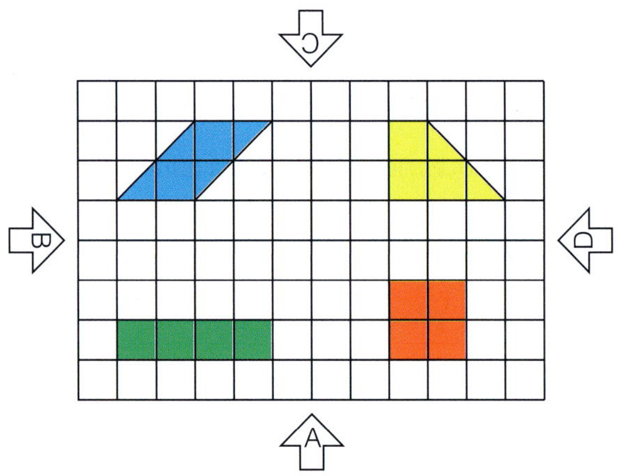

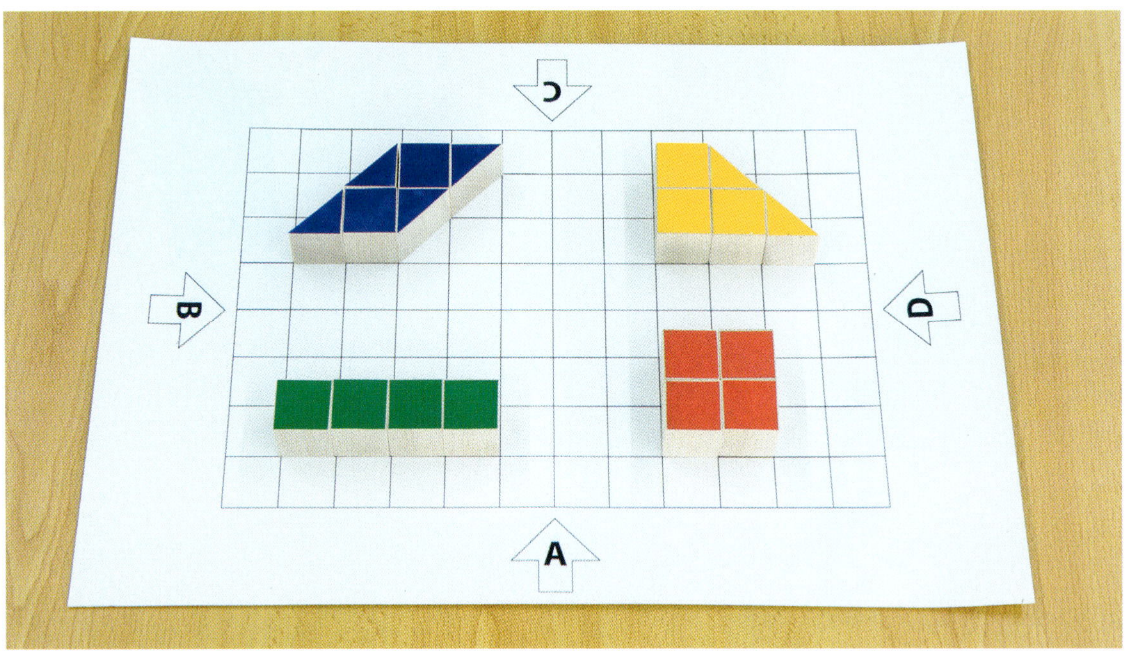

Juego geométrico con figuras prismáticas

Observa, ahora, la siguiente fotografía y contesta a las cuestiones planteadas:

a) ¿Qué parte de la base cuadriculada ocupan las cuatro figuras juntas?

b) ¿Qué parte del tablero está sin ocupar?

c) Atendiendo al número de lados, ¿a qué tipo de polígono corresponde el papel coloreado de la base superior de cada una de las figuras?

d) Cuánto mide la superficie de papel coloreado, de la cara superior, de cada una de las figuras?

e) Indica si el perímetro de la cara superior de la figura azul es...

1. Menor de 15 cm;
2. Igual a 15 cm;
3. Mayor de 15 cm.

f) Indica si el perímetro de la cara superior de la figura verde es...

1. Menor de 25 cm;
2. Igual a 25 cm;
3. Mayor de 25 cm.

g) Sabiendo que cada cubo de 2,5 cm de arista ocupa un volumen de 15,625 cm^3, ¿cuánto vale el volumen de cada una de las figuras?

h) ¿Cuántos cubos de 2,5 cm de arista contiene cada una de las figuras prismáticas de 5 cm × 2,5 cm × × 10 cm?

i) Dibuja la proyección vertical correspondiente a cada uno de los cuatro puntos de observación.

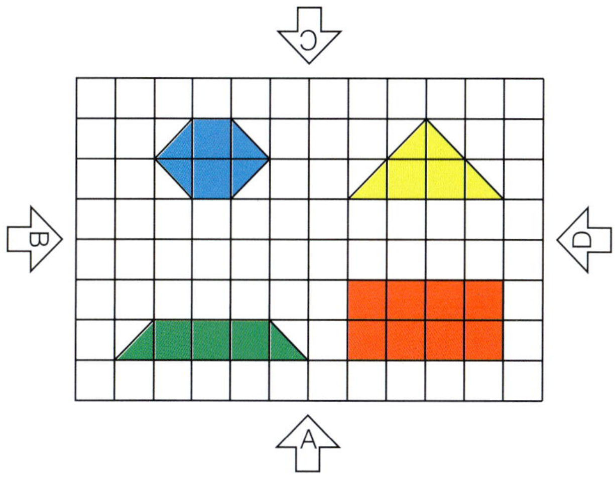

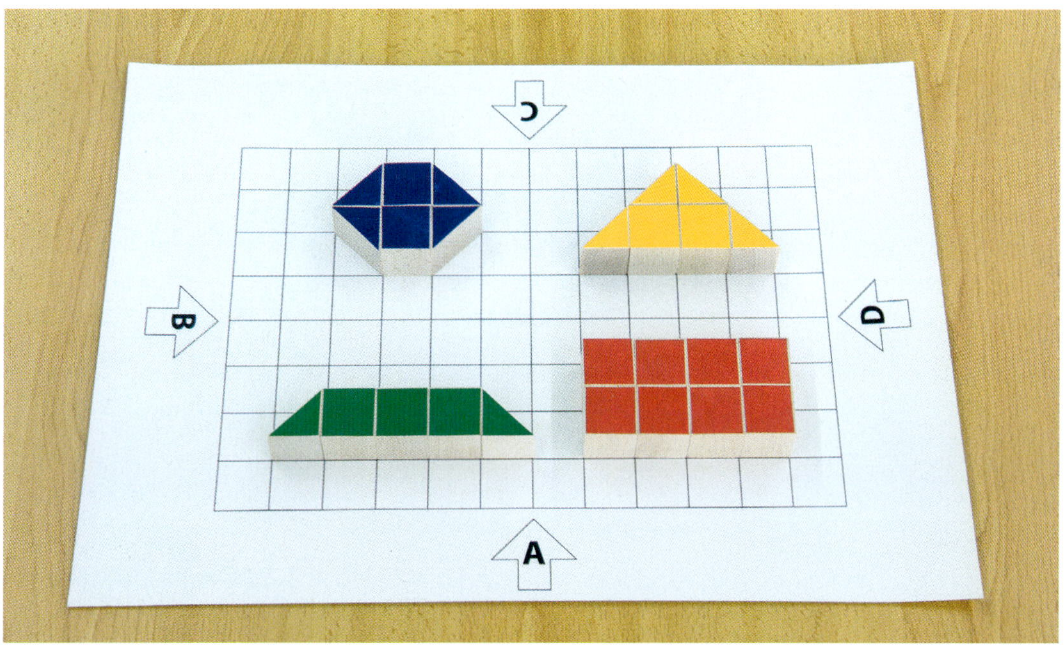